"十三五"普通高等教育本科规划教材
21 世纪全国高等院校材料类创新型应用人才培养规划教材

砂型铸造设备及自动化

主　编　石德全　高桂丽

北京大学出版社
PEKING UNIVERSITY PRESS

内 容 简 介

本书是在准备起草"十三五铸造装备发展规划"而充分调研铸造装备行业动态的基础上编写的，共分7章，全面介绍了当前砂型铸造生产中的主要设备（除熔炼设备外）的工作原理、结构特点及自动化检测与控制要求，内容包括铸造车间概述、黏土砂铸造实砂工艺基础、黏土砂造型设备及其自动化、造型生产线主要辅助设备及其自动化、砂处理系统设备及其自动化、清理设备及其自动化、环保设备。

本书可作为高等院校材料成型及控制工程专业铸造方向或铸造专业的本科教材，也可供从事相关专业生产与科研的工程技术人员参考使用，还可作为铸造企业继续教育的培训教材。

图书在版编目(CIP)数据

砂型铸造设备及自动化/石德全，高桂丽主编. —北京：北京大学出版社，2017.5
(21世纪全国高等院校材料类创新型应用人才培养规划教材)
ISBN 978 - 7 - 301 - 28230 - 4

Ⅰ. ①砂… Ⅱ. ①石…②高… Ⅲ. ①砂型铸造—铸造设备—自动化设备—高等学校—教材 Ⅳ. ①TG23

中国版本图书馆 CIP 数据核字(2017)第 071215 号

书　　　　名	砂型铸造设备及自动化	
	Shaxing Zhuzao Shebei ji Zidonghua	
著作责任者	石德全　高桂丽　主编	
策 划 编 辑	童君鑫	
责 任 编 辑	黄红珍	
标 准 书 号	ISBN 978 - 7 - 301 - 28230 - 4	
出 版 发 行	北京大学出版社	
地　　　　址	北京市海淀区成府路 205 号　100871	
网　　　　址	http://www.pup.cn　新浪微博：@北京大学出版社	
电 子 信 箱	pup_6@163.com	
电　　　　话	邮购部 62752015　发行部 62750672　编辑部 62750667	
印 刷 者	三河市博文印刷有限公司	
经 销 者	新华书店	
	787 毫米×1092 毫米　16 开本　12.75 印张　插页 5　291 千字	
	2017 年 5 月第 1 版　2017 年 5 月第 1 次印刷	
定　　　　价	35.00 元	

21世纪全国高等院校材料类创新型应用人才培养规划教材

编审指导与建设委员会

成员名单 （按拼音排序）

白培康 （中北大学）	陈华辉 （中国矿业大学）
崔占全 （燕山大学）	杜彦良 （石家庄铁道大学）
杜振民 （北京科技大学）	耿桂宏 （北方民族大学）
关绍康 （郑州大学）	胡志强 （大连工业大学）
李　楠 （武汉科技大学）	梁金生 （河北工业大学）
林志东 （武汉工程大学）	刘爱民 （大连理工大学）
刘开平 （长安大学）	芦　笙 （江苏科技大学）
裴　坚 （北京大学）	时海芳 （辽宁工程技术大学）
孙凤莲 （哈尔滨理工大学）	孙玉福 （郑州大学）
万发荣 （北京科技大学）	王春青 （哈尔滨工业大学）
王　峰 （北京化工大学）	王金淑 （北京工业大学）
王昆林 （清华大学）	卫英慧 （太原理工大学）
伍玉娇 （贵州大学）	夏　华 （重庆理工大学）
徐　鸿 （华北电力大学）	余心宏 （西北工业大学）
张朝晖 （北京理工大学）	张海涛 （安徽工程大学）
张敏刚 （太原科技大学）	张　锐 （郑州航空工业管理学院）
张晓燕 （贵州大学）	赵惠忠 （武汉科技大学）
赵莉萍 （内蒙古科技大学）	赵玉涛 （江苏大学）

前　　言

本书是为适应现代铸造工业技术发展的需要，以及满足企业对工程应用型人才的培养要求而编写的。编写的指导思想是突出实用性和可读性，力求紧贴生产实际，增强实际应用，将最先进、最新的砂型铸造设备和理念，以及相关的自动检测和控制技术呈现给读者。

在高等教育经历专业合并的大形势下，大多数高校的铸造专业已经变为材料成型专业的方向之一，只有极少数高校保留该专业，这使得铸造设备方面的教科书或专著的更新速度远远落后于先进铸造设备的更新速度，而铸造企业又希望毕业生能够掌握较新的铸造装备技术。因此，有必要出版一本能反映最新砂型铸造设备及自动化新进展的教科书。

本书是在充分调研铸造行业动态，了解铸造设备进展的基础上编写的，很多最新的铸造设备都包含在内，如 EIRICH 公司的真空转子混砂机、DISA 公司的高效抛丸清理设备、SINTO 公司的水平静压造型线等。同时，书后提供了多样的思考题及习题，以供读者学习。

全书共分为 7 章。第 1 章主要对铸造车间进行了简要概述；第 2 章阐述了黏土砂铸造的实砂工艺，包括压实实砂工艺、震击及微震实砂工艺、气流实砂工艺、射砂实砂工艺等，为介绍造型机奠定基础；第 3 章主要介绍黏土砂的造型设备及其自动化，以及各类造型机的适用范围；第 4 章主要介绍造型生产线上的主要辅助设备及其自动化，包括铸型输送机、自动落砂设备、自动浇注设备、翻箱机、落箱机、捅箱机、合箱机等，并对造型生产线的分类、选用原则和实例进行了阐述；第 5 章主要介绍砂处理系统设备及其自动化，在介绍砂处理系统的基础上，分别阐述了黏土砂混砂机、树脂砂混砂机、新砂烘干设备、旧砂处理设备、机械化运输设备、给料设备，还介绍了砂处理系统的自动检测和控制技术；第 6 章主要介绍清理设备及其自动化，主要包括除芯设备、滚筒清理设备、喷丸（砂）清理设备、抛丸清理设备、浇冒口飞边清理设备等，并对最新的干冰清理进行了简述；第 7 章介绍铸造车间的环保设备，主要介绍除尘系统和除尘设备，同时介绍了噪声防治设备、废气净化设备和污水处理设备。

本书由哈尔滨理工大学的石德全教授和高桂丽副教授担任主编，郭亚、尹相鑫、陈振国、王稼奇、刘涛、张发宏、吴冀鹏、赵俊皓、张立鑫、李瑧浩、许家勋等参与了相关资料的收集和绘图工作。在本书的编写过程中，我们参考了各类相关书籍、学术论文及网络资料；同时，得到了一汽铸造有限公司铸造一厂、铸造二厂、特铸厂，永红铸造机械有限公司，常州好迪机械有限公司，迪砂（常州）机械有限公司，爱立许德昌机械（江阴）有限公司，无锡锡南铸造机械股份有限公司，苏州苏铸成套装备制造有限公司，日月重工股份有限公司，宁波永祥铸造有限公司等多位专家们的大力帮助；在出版过程中，得到北京大学出版社和哈尔滨理工大学的大力支持，在此一并表示衷心的感谢！

由于编者水平所限，书中难免存在疏漏之处，敬请读者批评指正。

编　者
2017 年 1 月

目　录

第1章

铸造车间概述

1.1 铸造车间的分类和组成

1.1.1 铸造车间的分类

铸造车间可以按照不同的特征分类，其主要分类方法见表1-1。

表1-1 铸造车间的分类

分类方法	名 称	备 注
按生产铸件	砂型铸造车间	—
	特种铸造车间	如熔模铸造车间、压力铸造车间、离心铸造车间、金属型铸造车间等
按金属材料种类	铸铁车间	又分为灰铸铁车间、球墨铸铁车间、可锻铸铁车间等
	铸钢车间	又可分为碳素钢车间、合金钢车间等
	有色金属铸造车间	又可分为铜合金铸造车间、铝合金铸造车间、镁合金铸造车间
按生产批量	单件小批生产铸造车间	生产铸件的品种多，但每种铸件的全年生产批量小
	成批生产铸造车间	每年生产的铸件品种及每种铸件生产的数量都较多
	大批量生产铸造车间	生产铸件的种类较少、质量较轻但每种铸件的年生产数量却相当大
按机械化与自动化程度	手工生产铸造车间	靠人工采用简单工具进行生产
	简单机械化铸造车间	主要生产过程，如造型、砂处理、冲天炉加料、落砂等采用机械进行生产，其余生产过程仍靠人工生产
	机械化铸造车间	生产过程和运输工作都用机械进行，工人只需控制按钮操纵机械
	自动化铸造车间	由自动设备组成生产线，自动进行生产，工人只是监视设备和仪表的运行，排除故障和调整、维修设备

1.1.2 铸造车间的组成

铸造车间一般由生产工部、辅助工部、仓库、办公室及生活间等部分组成。

（1）生产工部是铸造车间生产铸件的主要组成部分，又分为如下几个工部。

① 熔化工部：完成金属的熔炼工作。

② 造型工部：完成造型、下芯、合箱、浇注、冷却、落砂等工作。

③ 制芯工部：完成制芯、烘干、装配等工作，有时还包括型芯贮存及分送。

④ 砂处理工部：完成型砂及芯砂的配制工作。

⑤ 清理工部：完成去除铸件浇冒口、飞边、毛刺及表面清理等工作，有时还包括上底漆及铸件热处理等。

（2）辅助工部是完成生产的准备和辅助工作，包括造型材料准备、炉料准备、浇包修理、芯骨制备、机电设备维修、木工、模样及砂箱等工装用具维修及型砂试验室和化学分析室等。

（3）仓库一般包括炉料仓库、造型材料仓库、模具库、砂箱库、铸件成品库、辅助材料仓库、专用设备及工具库等。

1.2 铸造车间的工作制度及工作时间总数

1.2.1 工作制度

铸造车间所采用的工作制度基本上分为两种，即阶段工作制与平行工作制。

阶段工作制是在同一地点，不同的时间顺序地完成不同的生产工序。这种工作制度的优点是改善了车间的造型工作条件，适用于手工单件小批生产、并在地面上浇注的铸造车间；缺点是生产周期长，占用面积大，工艺装备周转慢等。

平行工作制是在不同的地点，同一时间完成不同的工作内容。这种工作制度的优点是车间面积利用率高，工艺装备周转快，主要适用于采用铸型输送机的机械化铸造车间。按在一昼夜中所进行的班次，平行工作制可分为一班平行工作制、二班平行工作制及三班平行工作制。在国外生产规模大的现代化铸造车间中，采用三班平行工作制生产的居多。

1.2.2 工作时间总数

工作时间总数要根据已确定的车间工作制度、国家法定的全年工作日数及每一工作日的工作时数来定，可分为公称工作时间总数和实际工作时间总数两种。

公称工作时间总数是不计时间损失的工作时间总数，等于法定工作日乘以每工作日的工作时数。

实际工作时间总数是实际进行生产工作的时数，等于公称工作时间总数减去时间损失（包括设备维修时的停工损失、工人因休假及因故请假的时间损失等）。

1.3 铸造车间的生产纲领

生产纲领是设计铸造车间的基本依据。生产纲领应包括产品名称和产量、铸件种类和质量、备件数量、修配铸件任务及外协铸件任务等。

根据铸造车间的生产性质，可按以下 3 种方法确定生产纲领。

（1）对大批量生产的铸造车间，根据生产纲领或铸件明细表，确定精确纲领，并按表 1-2 的格式汇总。

表 1-2　铸造车间的精确生产纲领

序号	产 品 名 称	单位	铸件金属种类				
			灰铸铁	球铁	可锻铸铁	……	合计
1	2	3	4	5	6	7	8
1	主要产品						
(1)	×××						
	①铸件种类	种					
	②铸件件数	件					
	③铸件质量	kg					
(2)	×××						
	①铸件种类	种					
	②铸件件数	件					
	③铸件质量	kg					
	⋮						
2	主要产品年生产纲领（包括备件）						
(1)	×××						
	①铸件件数	件					
	②铸件质量	kg					
	⋮						
3	常用修配铸件	t					
4	外协铸件	t					
5	总计	t					

（2）对产品种类较多的成批生产铸造车间，应先选出代表产品，确定折算纲领。

选择代表产品时，应将产品按铸件复杂程度、技术要求、外形尺寸和质量进行分组；然后在每一组产品中选出产量最大的产品作为代表产品，代表产品应有全套铸件图和铸件明细表；进而按式（1-1）计算代表产品的折算年产量，即折算纲领。

$$\begin{cases} N_{dz} = K \cdot N_d \\ K = \dfrac{Q_d + Q}{Q_d} \end{cases} \qquad (1-1)$$

式中，N_{dz} 为代表产品的折算纲领（台）；N_d 为代表产品的年产量（台）；K 为折算系数；Q_d 为代表产品年产量（t）；Q 为非代表产品年产量（t）。

（3）对单件小批生产铸造车间，因其生产任务和工艺技术资料难以精确固定，在设计时应根据类似铸造车间的有关指标或参照有关设计手册确定假定纲领。

我国铸造车间主要是依据生产纲领来进行具体设计和计算的，但国外很多现代化的铸造车间是以造型线为核心来考虑设计的。

1.4　铸造车间生产工部的布置

影响铸造车间生产工部布置的因素很多，如产品特点、车间生产纲领、生产性质、机械化程度、工艺流程等。

（1）在进行车间工部总体布置时可考虑以下两点：

① 应以造型工部为主合理布置各生产工部的相互位置。

造型工部是铸造车间的主要工部。在生产过程中，熔化、制芯和砂处理工部要供给造型工部所需的铁水、砂芯和型砂，造型工部又要将铸件和旧砂分别运送给清理工部和砂处理工部。因此，在进行车间总体布置时，应先确定造型工部的位置，将它布置在车间的主跨内。砂处理、熔化、制芯和清理工部应尽量布置在造型工部的周围。产生粉尘和热量较多的工部应尽量布置在造型工部的下风方向。

② 应将各辅助工部布置在各有关的生产工部附近。

（2）各生产工部在车间内的位置如下：

① 造型工部布置在车间的主跨内。

② 制芯工部一般布置在较轻型的跨度内，并应邻近造型工部和砂处理工部。若砂处理工部离制芯工部较远时，需在制芯工部附近单独设置芯砂混制系统。

③ 砂处理工部应靠近造型和制芯工部，同时也应靠近造型材料仓库。一般砂处理工部应集中布置。对生产规模大、机械化、自动化程度高的铸造车间，可根据需要按造型生产线分散布置砂处理系统，以缩短运输距离、避免各生产线之间的相互干扰，并且便于生产管理。

④ 熔化工部应靠近炉料库和造型工部，以缩短炉料的运输距离和便于浇注。在机械化铸造车间中，因浇注一般均固定在造型线的端头，故熔化工部应布置在造型跨度的一端。

⑤ 清理工部粉尘高、噪声大，最好布置在单独的厂房内。

各工部的位置布置好后，用车间区划图表示车间的总体布置。图 1.1 为某拖拉机厂铸造车间的区划图。该车间的主要厂房是由三个平行跨和两个垂直跨所组成的矩形厂房，造芯工部、造型工部、修铸工部分别布置在主厂房的三个平行跨内，两端两个垂直跨分别为熔化工部和砂处理工部，清理工部布置在单独的厂房内，以防止清理工部的灰尘和噪声对主要生产工部的影响。

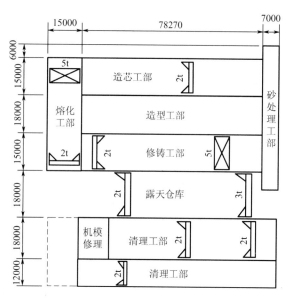

图 1.1 某拖拉机厂铸造车间的区划图

思考题及习题

1. 铸造车间一般有哪些部门组成？其中生产部门又可以细分为哪些部门？
2. 铸造车间的工作制度有哪些？其特点是什么？
3. 铸造车间生产纲领是如何定义的？有哪些方法可确定铸造车间的生产纲领？

第2章
黏土砂铸造实砂工艺基础

目前，砂型铸造仍然是我国铸造生产中的主要手段，而黏土砂铸造又是整个砂型铸造的主体，约占整个铸造产量的70%。由原砂、旧砂、黏土、水和其他附加物组成的黏土砂经混匀、实砂后，制成相应的砂型和砂芯。不管是造型还是制芯，其主要工作过程都是填砂、实砂和起模。实砂就是把型砂紧实，是最关键的一个步骤。型砂紧实的方法通常可分为压实实砂、震击实砂、气流实砂、射砂实砂和抛砂实砂等。

2.1 黏土砂的紧实度测量及实砂工艺要求

2.1.1 黏土砂紧实度的测量

黏土砂的紧实程度一般采用紧实度来表征，表示型砂砂粒之间互相排列和堆积紧密的程度。紧实度越大，砂粒堆积越紧密。其定义为单位体积内型砂的质量，即

$$\delta = \frac{m}{V} \qquad\qquad (2-1)$$

式中，δ 为型砂的紧实度（g/cm³）；m 为型砂的质量（g）；V 为型砂的体积（cm³）。

通常，十分松散的型砂 $\delta = 0.6 \sim 1.0 \text{g/cm}^3$，一般紧实的型砂 $\delta = 1.55 \sim 1.7 \text{g/cm}^3$，高压紧实后的型砂 $\delta = 1.6 \sim 1.8 \text{g/cm}^3$。

根据式（2-1）确定砂型的平均紧实度是比较容易的，但实际上砂型中各部分的紧实度是不同的。在实际生产中，测量砂型的紧实程度通常采用砂型硬度计。使用硬度计测量砂型的紧实度非常方便，而且不会破坏型腔表面，但不能测量砂型内部的紧实度。

一般紧实后砂型的表面硬度为 60～80 单位，高压造型可以达到 90 单位以上。通常，砂型的紧实度越高，其表面硬度也越大。

2.1.2 黏土砂的实砂工艺要求

从铸造工艺而言，对紧实后砂型的要求如下：

（1）具有一定的强度，能经受住搬运或翻转过程中的震动而不塌落，浇注时砂型型面能抵抗铁水的冲刷和压力。

（2）起模应容易，而且起模后能保证砂型的精度，不发生损坏、脱落等现象。

（3）具有必要的透气性，避免产生气孔等缺陷。

有时这些要求是相互矛盾的，要根据实际生产条件而有所侧重。如为保证砂型的透气性，其紧实度可偏低一些。

2.2 压实实砂工艺

2.2.1 压实实砂的原理

压实实砂就是用直接加压的方法使型砂紧实。如图2.1所示，压实时，压板压入辅助框中，砂柱高度降低，使型砂紧实。辅助框就是用来补偿实砂过程中砂柱受压缩的高度的。

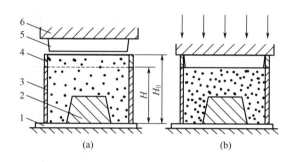

图2.1 压实实砂示意图
（a）加压前；（b）加压后
1—工作台；2—模型；3—砂箱；4—辅助框；5—压板；6—压板架

在压实过程中，砂柱的高度 H 不断改变，砂型的平均紧实度 δ 不断提高。按照紧实前后型砂的质量不变，可得

$$H_0\delta_0 = H\delta \qquad (2-2)$$

式中，H_0、H 分别为砂柱的初始高度及紧实后的高度；δ_0、δ 分别为型砂在紧实前后的紧实度。

由于 $H_0 = H + h$，于是

$$h = H\left(\frac{\delta}{\delta_0} - 1\right) \qquad (2-3)$$

砂型的平均紧实度与所加的压实比压大小有关。图2.2所示为三条性能不同型砂的压实紧实曲线。可见，不论哪一种型砂，在压实开始时，比压 p 增加很小，就引起型砂紧实度 δ 很大的变化；但当比压逐渐增高时，δ 的增加很快减慢；而在高比压阶段，虽然 p 增大很多，但是 δ 增加很小。

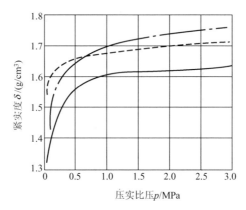

图 2.2　不同型砂的压实紧实曲线

2.2.2　影响压实实砂紧实度的因素

1. 砂箱高度对紧实度的影响

砂箱比较高时，由于砂箱壁上摩擦阻力的增加，从砂箱的上部到下部，砂型的紧实度逐渐降低。当砂箱尺寸为 100mm×100mm，在不同的砂箱高度时，压实后砂型中心部分紧实度的变化情况如图 2.3 所示。当砂箱高度较小时（曲线 3），紧实度是均匀的。当砂箱高度较大时（曲线 1 和 2），只有离压板 100mm 左右处的紧实度是均匀的，以下则紧实度迅速降低，而到了靠近模板一段，紧实度就很低了。

以上的紧实度的分布可用图 2.4 所示形成的倒钟形的高紧实区加以说明。在高紧实区 A 内，型砂的紧实度较高，并且比较均匀；在高紧实区 A 之外，型砂的紧实度受砂箱壁上摩擦力的影响，逐渐降低。倒钟形紧实区 A 的高度，约与砂箱的宽度相等或稍高一些。若砂箱的高度比较低，高紧实区 A 已经延伸到对面模板上，在砂型中大部分紧实度较高。

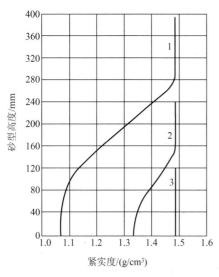

图 2.3　砂箱高度不同时砂型内紧实度的变化情况
1—H＝400mm；2—H＝240mm；3—H＝120mm

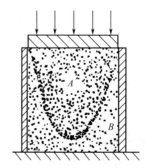

图 2.4　平板压实时压板下形成的倒钟形高紧实区
A—紧实度较高区域；B—紧实度较低区域

2. 模样高度对紧实度的影响

上述是砂箱中没有模样或只有很矮模样时的情况。当砂箱内有较高模样时，情况较为复杂。如图 2.5 所示，用深凹比 $A = H/B_{\min}$ 来表示模样深凹处的高宽之比。在凹处，由于模样壁上的摩擦力充当了砂箱壁上的摩擦力，型砂不容易紧实。深凹比 A 越大，则深凹处底部型砂的紧实度越低。根据试验，对于黏土砂，当 $A \leqslant 0.8$ 时，平均紧实度没有显著的下降，若 $A > 0.8$，则深凹处底部的紧实度就难以得到保证。

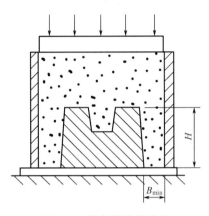

图 2.5　带高模样的砂型

3. 压缩比对紧实度的影响

如图 2.6 所示，把型砂分成模样顶上和模样四周两个部分，假定在压实过程中模样顶上与四周的型砂各自独立受压，则对于模样四周和顶上有

$$
\begin{cases}
(H+h)\delta_0 = H\delta_1 & \text{模样四周} \\
(H+h-m)\delta_0 = (H-m)\delta_2 & \text{模样顶上}
\end{cases}
\Rightarrow
\begin{cases}
\delta_1 = \delta_0 + \dfrac{h}{H}\delta_0 \\[2mm]
\delta_2 = \delta_0 + \dfrac{h}{H-m}\delta_0
\end{cases}
$$

式中，H、h、m 分别为砂箱、辅助框和模样的高度；δ_0、δ_1、δ_2 分别为压实前型砂的紧实度和压实后模样四周及顶上的型砂平均紧实度。

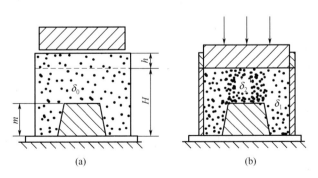

图 2.6　压实实砂紧实度不均匀性的分析

（a）加压前；（b）加压后

$\dfrac{h}{H}$ 及 $\dfrac{h}{H-m}$ 可以视为砂柱的压缩比。在 h 相同的情况下，尤其在 m 大时，压实力主要传到模样顶上而被抵消掉。

4. 模样顶上砂柱的高宽比对紧实度的影响

压实过程中，模样顶上的砂柱的高宽比 B 对型砂能否向四周填充，使紧实度均匀化有相当大的影响。当 B 值很小时，由于砂粒间互相啮合，砂粒不能像黏土团那样从四周挤出来。这时，无论多大的压实力，只能把砂粒压碎，却不能使砂向四周流出。实践证明：当 $B \geqslant 1 \sim 1.25$ 时，模样顶上的砂柱才容易变形，向外突出，补充到模样四周。

5. 压实比压对紧实度的影响

提高压实比压，不但可提高砂型的紧实度，而且可使砂型内紧实度分布更均匀。图 2.7 所示为一组不同比压对砂箱（内尺寸为 $100\text{mm} \times 100\text{mm}$，初始高度为 400mm）内紧实度分布影响的曲线。由图可见，压实比压提高时，靠近模板一面的紧实度逐渐提高。

提高比压还可使深凹部和砂型侧壁的紧实度提高。如图 2.8 所示，比压较低时，虽然模型顶上的 A 点的砂型硬度已在 85 以上，但是模型侧面的 B 点和模板上靠近模型角处 C 点的砂型硬度仍然很低。如将比压增加至 0.8MPa 以上，B 点和 C 点的硬度就可以达到 80 左右。

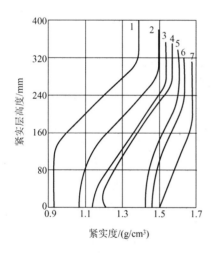

图 2.7　比压大小对紧实度分布的影响
1、2、3、4、5、6、7—实砂比压（MPa）

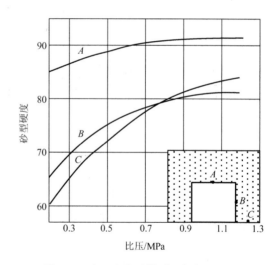

图 2.8　比压大小对模型顶部和深凹处
砂型硬度的影响

2.2.3　压实实砂紧实度均匀的方法

单纯的压实实砂存在紧实度不均匀的缺点，可采取如下措施使砂型的紧实度均匀。

1. 减小压缩比的差别

（1）应用成形压板。应用成形压板压实的原理如图 2.9 所示。型砂的形状随着模样的形状变化，使型砂的压缩比相同。用成形压板，经一次压实，可以得到紧实度比较均匀的

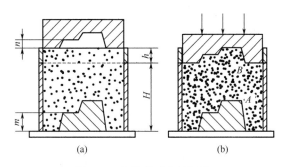

图 2.9 应用成形压板压实

（a）加压前；（b）加压后

砂型。由于增加了模具的制造量，所以适用于较大批量的生产。

（2）应用多触头压头。整块的平压板不能适应模样上不同的压缩比，所以将它分为许多小块，称为多触头压头。多触头压头的每个小压头后面是一个油压缸，所有油压缸的油路互相连通，如图 2.10 所示。压砂型时，每个小压头的压力大致相等，可一次压实得到紧实度大体上均匀的砂型。

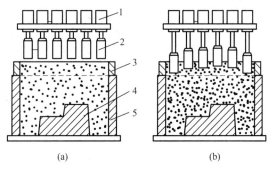

图 2.10 多触头压头的实砂原理示意图

（a）加压前；（b）加压后

1—小油缸；2—多触头；3—辅助框；4—模型；5—砂箱

多触头压头能自行调整砂型各部分的压实力，不需要按模型形状另行设计和制造成形压头，比较适用于成批生产，但是结构复杂，成本较高。

（3）压膜造型。压膜造型所用的压头是一块弹性的橡皮膜，压缩空气作用于橡皮膜的内面，对型砂进行压实，如图 2.11 所示。这种橡皮膜可以看作能自动适应模样形状的成形压头，使各处压砂的力量相等，从而使砂型内紧实度均匀化。其主要缺点是橡皮膜容易损坏，砂箱上不宜设置箱带。

2. 模板加压与对压法

从前面分析可知，靠近压板的型砂紧实度高而均匀，靠近模板的型砂紧实度比较低。如果反过来，在压实时，压板不动，使模板向砂箱压入，这

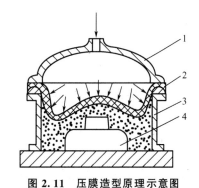

图 2.11 压膜造型原理示意图

1—压头；橡皮膜；3—砂箱；4—模型

样在模板附近就可以获得较高而且均匀的紧实度，如图 2.12 所示，这种方法称为模板加压法。如果从砂型的两面加压，把压板加压与模板加压结合起来，能够得到两面紧实度都较高的砂型，这叫作对压法，如图 2.13 所示。

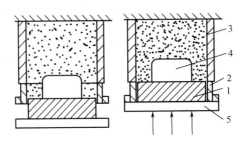

图 2.12　模板加压法

1—压板；2—辅助框；3—砂箱；4—模型；5—模板

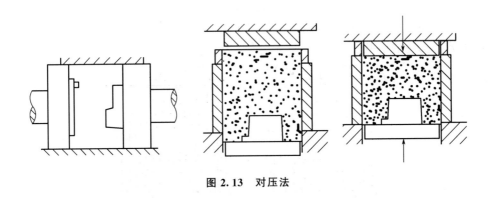

图 2.13　对压法

3. 提高压前的型砂紧实度

提高压前紧实度的一个方法是进行预实砂。射压造型、微震压实造型的预震作用就是使型砂得到预紧实，提高压前紧实度，使压实后紧实度均匀。

提高压前紧实度的另一方法是提高填砂紧实度。使型砂从较高的位置落入砂箱，利用下落冲击力，使已填入的型砂初步紧实，提高了填砂的紧实度。这种方法叫作重力加砂法。

2.3　震击及微震实砂工艺

2.3.1　震击实砂

1. 震击实砂及紧实度分布特点

震击实砂就是工作台将砂箱连同型砂举升到一定高度，然后让其下落，与机体发生撞击。撞击时，砂箱中型砂的下落速度变成很大的冲击力，作用在下面的砂层上，使型砂层层得到紧实，如图 2.14 所示。

震击过程中，砂箱下层的型砂受到上面各层型砂的作用，受的力大，紧实度大；上层型砂受的力小，紧实度小；最上层型砂，没有受力，仍呈疏松状态。图 2.15 所示为震击实砂所得的紧实度分布曲线。

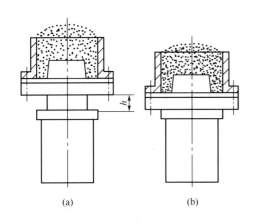

图 2.14　震击实砂

（a）工作台举起；（b）下落震击

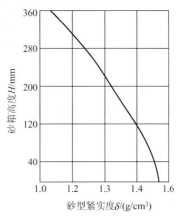

图 2.15　震击实砂的紧实度分布曲线

2. 补充压实方法

常见的补充紧实的方法有以下三种。

（1）用手工或风冲子紧实：劳动强度大，生产效率低，多用于中大型。

（2）动力补充紧实：在砂箱中型砂的顶部另外加上重量，随着型砂一起震击，使上层型砂得到紧实，主要用于中大型。

（3）补充加压法：在震击之后再加压，使砂箱顶部的型砂也具有足够的紧实度，主要用于中小型。

3. 震击实砂的应用

震击实砂与压实实砂相反，紧实度分布以靠近模板一面为最高，适用于模样较高的砂型。只有震击机构的造型机，叫作震击造型机，采用手工或风冲子紧实、动力补充紧实法补充紧实。除震击造型机构外，还有压实机构进行补充紧实的，叫作震压造型机。

2.3.2　微震实砂

1. 震击的减弱

震击实砂的最大缺点是振动噪声大，对地基和环境的影响较大，必须设法减小震击对基座的影响，常用的减震方法如图 2.16 所示。图 2.16（a）中，震击气缸下面是一个气垫缸。震击气缸和活塞先由气垫缸升起，震击时，震击气缸被气垫缸托住，形成一个空气垫，能很好地消除震动的影响。图 2.16（b）中则用一个螺旋弹簧代替图 2.16（a）中的空气垫。在震击气缸进气时，震击活塞上升，而气缸体压缩着弹簧向下运动。排气时，震击工作台下落，同时气缸因惯性下降一段后受弹簧的推力上升。工作台和气缸在一定的位置相碰而发生撞击。这种由两个运动着的物体互相碰撞产生的震击效果很大，但传到地基上的力很小，有很好的消震效果。

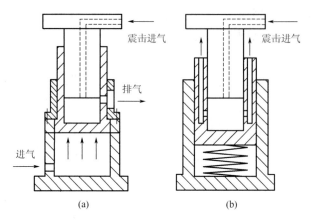

图 2.16　震击造型的消震方法

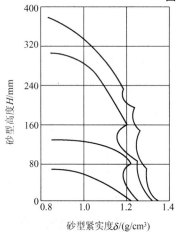

图 2.17　微震实砂的紧实度分布曲线

2. 微震实砂及紧实度分布情况

图 2.17 所示为用振幅很小的微震所得的砂型紧实度分布情况。由图可见，单是这样的微震，紧实度不是很高，而且振动次数多时，在砂层上出现紧松相间的现象。所以微震常和压实实砂配合使用。在压实前先进行微震叫作预震；在压实的同时加以微震叫作压震。

把微震与压实组合起来，可以有四种实砂方法：①单纯微震；②先预震，后压实；③单是压震；④先预震，后压震。

图 2.18 所示为这四种方法得的型砂紧实度分布情况。可见，预震后加压，不如压震，而以先预震后压震所得的紧实度分布最好。

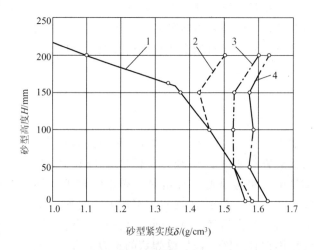

图 2.18　不同的震和压的方法所得的型砂紧实度分布情况
1—单是微震；2—震后加压；3—单是压震；4—预震＋压震

2.4 气流实砂工艺

根据气流对型砂作用速度的不同，气流实砂工艺分为气流渗透实砂和气流冲击实砂两种。

2.4.1 气流渗透实砂

1. 气流渗透实砂法

气流渗透实砂法，简称气渗实砂法，如图 2.19 所示，是指先将型砂填入砂箱及辅助框中，并把砂箱及辅助框压紧在造型机的射孔下面，然后，打开快开阀将储气筒中的压缩空气引至砂型顶部，使气流在很短时间内渗透，通过砂型而使型砂紧实的方法。

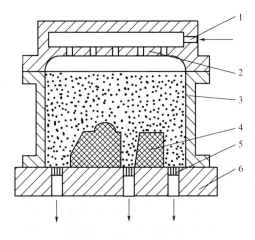

图 2.19 气流渗透实砂法
1—压缩空气入口；2—分流器；3—砂箱；4—模样；5—排气孔；6—底板

模板上面开有排气孔，气流由砂型顶部穿过砂层，经排气孔排出。气体渗透时，在砂型内所产生的渗透压力，使型砂紧实。为了避免高速高压气流从喷孔直射砂型顶部，造成型砂飞溅，气流通过分流板上分散的小孔进入砂型顶部，使气流能较均匀地作用于砂层顶面。为使砂层顶上的空腔保持较高的气压，建立起足够大的气压差，快开阀的开阀速度必须相当快，一般空腔的升压速度在 5～7MPa/s 以上。

2. 气渗实砂所得紧实度分布

气渗实砂所得砂型紧实度分布如图 2.20 所示。砂层越高，紧实越低。砂型顶面处由于没有气压差，紧实度最低，甚至呈疏松状态。

气渗实砂虽然能使砂胎深处获得高紧实度，但整体而言，紧实度尚比较低，特别是砂型的中上部。通常在气渗实砂后再用压实法，使砂型的中上部也有高的紧实度，这叫作气渗加压法，日本叫作"静压造型法"。

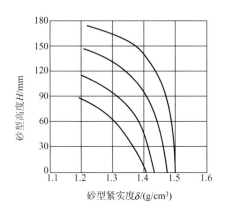

图 2.20　气渗紧实所得的紧实度分布
（各曲线代表不同砂型高度）

2.4.2　气流冲击实砂

1. 气流冲击实砂法

气流冲击实砂法，简称气冲实砂法，也是先将型砂填入砂箱及辅助框中，并压紧在气冲喷孔下面，然后迅速打开冲击阀，砂箱顶部空腔气压迅速提高，产生冲击作用，将型砂紧实。

图 2.21 所示为一种气冲实砂法的工作原理，压缩空气包 1 内充满压缩空气，内有一个气冲阀 2，阀盘 3 通常受压压在下面的阀座上，气冲阀 2 处于关闭状态。气冲实砂前，先将已填砂的砂箱、模板、辅助框等由升降夹紧机构 7 压紧在喷孔下面。气冲实砂时，使气冲阀 2 空腔内迅速排气，阀盘 3 上面的气压迅速降低，于是阀盘 3 受下面压缩空气的推力，向上推开，使压缩空气包 1 直接与型顶空腔 a 相通，气冲阀 2 打开，气流以极高的速度进入型顶空腔 a，砂型顶部气压急剧提高，作用在砂型顶上，将型砂紧实。

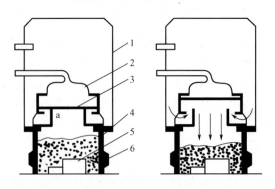

图 2.21　一种气冲实砂法的工作原理
1—压缩空气包；2—气冲阀；3—阀盘；4—辅助框；5—模板；6—砂箱；a—型顶空腔

2. 气冲实砂所得紧实度分布

紧实度分布如图 2.22 所示。最底部的砂层，由于受到上面各层型砂的冲击，其紧实度最高。由底板往上越高的砂层，由于在冲击下面砂层时，消耗了一些能量，紧实度越低。顶部的砂层，由于没有上部砂层对它的冲击，紧实度很低，仍呈疏松状态。

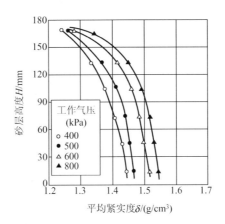

图 2.22　气冲紧实所得的紧实度分布

3. 气冲实砂中的漏斗堵塞及预防措施

如果砂型中有很高的模样及大的深凹部，气冲紧实可能形成砂粒漏斗堵塞，出现局部紧实度低下的现象。砂胎的深凹比对形成漏斗堵塞有显著影响，通常深凹比大于 3.0 时易出现漏斗堵塞。

如图 2.23 所示，气冲时，砂层紧实波自上向下发展，首先接触模样顶部，使模样顶上型砂（A 区）先行进入冲击紧实阶段，而此时模样四周的深凹部（B 区）尚处于紧实的第一阶段，即砂层自上而下的初步紧实阶段，模样顶上由于是冲击紧实，速度很高，很快形成一个锥形高紧实度区 H，因此，由上而下的冲击砂流 a 就会沿着锥形面滑向四周的深凹部的入口。这股从模样上斜向滑出的冲击砂流 a 与深凹部自上而下的砂流 b 在深凹部入口不远处相撞，形成一个高紧实区 d。这个高紧实区，由于砂箱壁及模样壁摩擦阻力的作用，卡在深凹部的上口处，堵住型砂向深凹处流动，这种现象称为漏斗堵塞。漏斗堵塞使它下面的砂层 g 得不到上面砂层的补充及冲击，使深凹部入口下面型砂的紧实度很低。

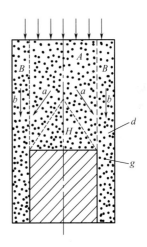

图 2.23　冲击紧实波撞击模样顶部时的情况

下面介绍三种防止产生漏斗堵塞的方法。

（1）流态气冲法。如图 2.24 所示，辅助框做成带夹缝的，气冲时，由冲击阀进来的高压空气，除了压向型砂外，还通过辅助框，引向砂型中可能要出现漏斗堵塞的部位，这一夹缝中的气流的流速比砂型内的初始紧实波要快，因此先流到深凹部的入口处，使那里的砂层流态化，破坏了漏斗堵塞的形成。

（2）差动气冲法。如图 2.25 所示，该方法是在辅助框内，沿着模样轮廓设一导气框，在导气框上盖以钻有许多小孔的阻流板。

气冲时，模样顶上区域的气流受多孔阻流板的阻挡，流动比较慢一些，而导气框中直的导气板又阻止了砂层的斜向流动而形成堵挡层的时间也晚一些，这时深凹部中的型砂已紧实完毕，再形成的堵挡层已不起作用。

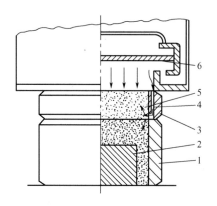

图 2.24　流态气冲法的原理

1—砂箱；2—模样；3—辅助框；
4—夹缝；5—砂型流态化区；6—冲击阀

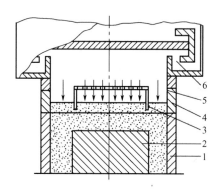

图 2.25　差动气冲法原理

1—砂箱；2—模样；3—导气框；
4—辅助框；5—阻流板；6—冲击阀

（3）二次气冲法。该法是在气冲机构中另开一个小的进气阀。气冲之前，先打开小进气阀，使砂层顶部气压提高到某一较小的气压，然后开启大的气冲阀，使型砂紧实。

4. 气渗实砂与气冲实砂的比较

气渗实砂与气冲实砂虽然工艺过程相似，但有很大的区别，主要区别是砂型顶上的升压速度不同。气冲法中气流进入的速度更高，升压速度更快，其紧实力是依靠气流高度进入产生的冲击力；而气渗法的升压速度慢一些，依靠气流流过砂层产生的压力差，通过渗透而紧实。此外，气渗法的模板上通常要有排气孔，而气冲法的模板可以不需要排气孔。

2.5　射砂实砂工艺

2.5.1　射砂过程

1. 射砂实砂

射砂实砂就是利用压缩空气将型砂以很高的速度吹入芯盒（或砂箱）而得到紧实，其过程包括加砂、射砂、排气紧实三个过程。射砂法的原理如图 2.26 所示，射砂时，芯砂装在射砂筒中，压缩空气进入后，穿过砂层空隙推动砂粒，将砂粒夹在气流之中，从射孔吹入芯盒，迅速将芯盒填满。同时在气压的作用下，将砂紧实。

射砂用的压缩空气由储气罐供给。图 2.27 所示为射砂过程中储气罐和射砂筒内气压变化的情况。进气阀打开后，射砂筒内气压急剧上升，同时储气罐内气压下降，射砂筒的气压很快达到最高点。

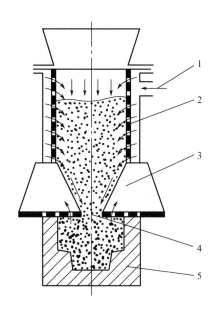

图 2.26 射砂法的原理

1—压缩空气进口；2—射砂筒；3—射砂头；4—射孔；5—芯盒

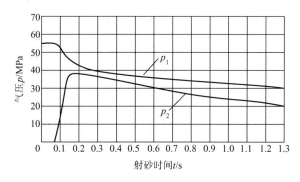

图 2.27 射砂过程中气压变化

p_1—储气罐的气压变化；p_2—射砂筒内气压变化

2. 砂粒自射孔射出

研究表明：砂粒是由压缩空气高速穿过砂粒间的空穴形成的渗透压推出来的。高速的气流绕着砂粒流动，对砂粒形成推力，如果气流穿过一定的砂层流动，则形成渗透推压。砂层中的气压差（即气压梯度）越大，则产生的渗透压力也越大，如果这一压力超过了砂粒间的粘结力，就会分离，并随着气流射出。射出的砂粒可以是单个的，也可以是成团的砂团，如图 2.28 所示。

3. 空穴和搭棚的形成

射孔附近的砂粒被吹走后，该区的气压立即降低，它上面区域中的气压梯度立即加大，那里的砂粒随即也被气流吹走。这样射孔附近的砂逐渐被吹走，形成空穴。在正常的

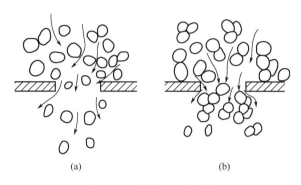

图 2.28　砂粒自射孔射出

（a）单颗粒砂粒射出；（b）成砂团射出

情况下，空穴立即被附近的砂粒补充。射孔附近这样一个砂粒不断被吹走，不断得到补充的区域叫作流化区。

在有些情况下，如型砂的流动性差、型砂受到了紧实或射砂气压太小等，会造成型砂在筒内某处被棚住，一般情况下，搭棚能够自动跨解。如果搭棚严重而不能跨解，则射孔附近的型砂不能自动补充流化区，空穴将越来越深，一直穿透到射砂筒内砂层的顶部，形成一个穿孔，如图 2.29 所示。穿孔形成后，射砂筒顶部的高压空气直接与芯盒相通，产生空吹现象，射砂停止。

4. 进气方式

射砂筒的进气方式可以分成顶上进气和均匀进气两种形式，如图 2.30 所示。

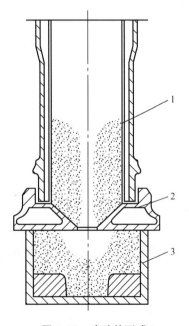

图 2.29　穿孔的形成

1—射砂筒；2—射砂头；3—芯盒

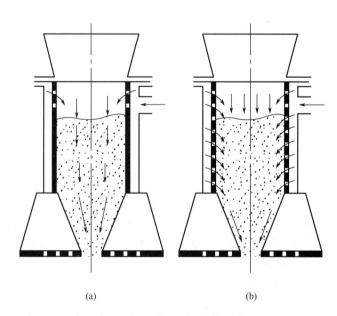

图 2.30　射砂筒的进气方式

（a）顶上进气；（b）均匀进气

所谓均匀进气，是指除了顶上进气外，在射砂筒的筒壁上开有细而长的窄缝，可以进入空气。它可避免射砂筒本体中的型砂受气压梯度的紧实，加大流化区的气压梯度，使砂粒顺利射出，不易生成中心穿孔。因此大部分射芯机都采用均匀进气方式。

2.5.2 影响射砂的因素

砂的射出因是高速气流对砂的推力克服了砂粒之间的粘结力的结果，故要使砂粒顺利流出应该注意以下几点：

1）射砂气压和气压梯度

提高射砂气压，空气的渗透流速就大，砂粒容易射出。为了使射孔处的气压梯度加大，首先提高射砂的气压，其次要使射砂开始时，射砂筒内气压升高越快越好。

2）型砂性能

油砂、树脂砂等芯砂流动性好，易于射出。而黏土砂或其他流动性差、湿强度高的型砂，砂粒间粘结力大，不易射出，易形成搭棚、穿孔以至空吹等现象。

3）射孔大小

射孔过小，孔边对砂粒的射出阻力大，不易射出。射孔足够大，则有利于射砂。一般取射孔截面积为射砂筒截面积的 20%～50%。

4）射砂筒中型砂的紧实

射砂筒内气压梯度大固然有利于射砂，但它也可能将筒内型砂紧实。紧实的型砂，除了使流化区的补充发生困难外，对空气渗透的阻力也比较大，易使射砂受到阻碍。

2.5.3 排气方式及紧实度分布

1. 芯盒的排气方式

气砂流射入芯盒，芯砂在芯盒中紧实的同时，气体必须排出。排气方式有上排气和下排气两种，如图 2.31 所示。两种排气方式的对比见表 2-1。

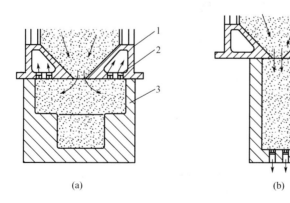

(a)   (b)

图 2.31　芯盒的排气方式

（a）上排气法；（b）下排气法

1—射砂头；2—排气塞；3—芯盒

表 2－1　芯盒排气方式对比

排气方式	排气孔位置	备　注
上排气	设在射砂头上	（1）芯盒不必开排气孔，结构比较简单； （2）射孔直接与大气相通，保持射砂筒与射孔之间有较大的气压差，有利于砂的射出； （3）用得较多
下排气	设在芯盒下部，或芯盒支叉部分的末端	（1）保持芯盒下部与大气相通，可以更好地利用气压差使芯盒下部的芯砂得到紧实； （2）多用于高的芯盒及分叉多的芯盒

2. 射砂所得紧实度分布

射砂所得的紧实度一般比较均匀，如图 2.32 所示。下排气法所得芯盒下部紧实度比较高，因为随芯盒中芯砂的增加，芯盒上部的气压增高，气砂流的速度减小，而且气压差也减小，所以紧实度降低。但到了顶部，由于最后阶段气压差压砂团的作用，紧实度又有所提高。由于气砂流前端气垫层的作用，无论是上排气法还是下排气法，最下面一层型砂的紧实度略有降低。上排气法由于气砂流的速度变化较小，所以在芯盒高度上紧实度变化不大。

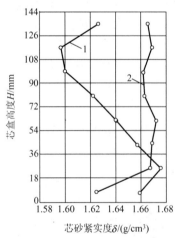

图 2.32　射砂所得紧实度分布
1—下排气法；2—上排气法

2.5.4　射砂的应用

射砂方法在射孔和排气孔配置适当的条件下，可以得到紧实度比较均匀的砂型。射砂既是填砂过程又是紧实过程，是一种高效率的生产方法。所以普遍地用于制芯，相应的制芯机叫作射芯机。

射砂法的主要缺点是所得的紧实度不够高，但对尚需固化的砂芯来说足够了。如果与压实实砂结合起来，可以得到紧实度分布满意的砂型，而且生产率也很高，称为射压实砂法。射压造型的射砂，主要目的在于快速填砂，给予一定的预紧实度，并不一定要求得到高紧实度。

2.6 其他实砂法

2.6.1 抛砂实砂法

抛砂实砂法是用机械的方法将一团团的砂块高速抛入砂箱,使砂层在高速砂团的作用下得到紧实。图 2.33 表示抛砂的情况。抛砂头上装有叶片,以高速旋转,型砂从抛砂头上部进入,随叶片向下运动,到了下面出口,由于离心惯性力的作用,以很高的速度向外飞出,填入砂箱。

抛砂的紧实度主要受以下几个因素的影响:

(1) 抛砂速度。砂团的抛出速度是最重要的影响因素。抛砂速度大,则每块砂团的冲击能量也大,因而所得的砂型紧实度也大。通常抛砂速度要求在 30m/s 以上。

(2) 抛砂头移动速度。抛头在砂型上移动速度对紧实度有较大的影响。抛头移动慢,砂团抛下就互相重叠,后一砂团将前一砂团的底部型砂挤松,向旁边推出,使砂型的某些地方产生紧实度不足的现象。一般要求抛头移动速度在 0.30～0.60m/s 之间。

(3) 供砂速度。供砂速度决定每次抛出砂团的大小。抛砂速度一定时,砂团的冲击能量与砂团重量成比例。若供砂速度低,砂团就小,实砂冲击力也较小,所得紧实度也较低。但供砂速度也不能过大,否则一次抛砂的砂层过厚,能使实砂的平均紧实度下降。

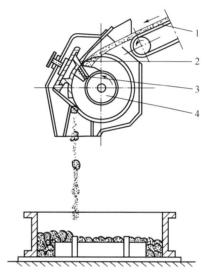

图 2.33 抛砂法的工作原理
1—送砂胶带; 2—弧板;
3—叶片; 4—抛砂头转子

(4) 其他因素。造型工艺装备的结构、型砂的含水量、抛头离模板的高度、操作熟练程度等都对抛砂紧实度有影响。

抛砂实砂法一般适宜于造大的砂型。过小的砂型,用抛砂机是不合适的。

2.6.2 其他压实实砂法

图 2.34(a) 所示为挤压法,挤压杆来回移动,后退时,芯砂填入;向前时,挤压杆将芯砂从模孔挤出,成为长条状的砂芯。砂芯的断面可以是圆的、方的或其他形状。对于一些条状的砂芯,如拖拉机履带板上的销孔砂芯就可以用这种方法生产。

图 2.34(b) 所示为滚压法,圆砂箱放在滚轮上慢慢地旋转,中间用一压辊一面填砂,一面压实成为圆形的砂型,达到所需的内径及砂型硬度。大的圆圈状的砂型,如圆的钢锭模外型,可以用这种方法生产。

图 2.34(c) 所示为气鼓法,在芯盒里面是一个橡皮做的囊筒。芯盒填砂并卡紧后,把

压缩空气通入橡皮囊筒中，使它膨胀而将芯盒中芯砂紧实。这种方法可用于制造电机壳的芯，造出的芯中空。

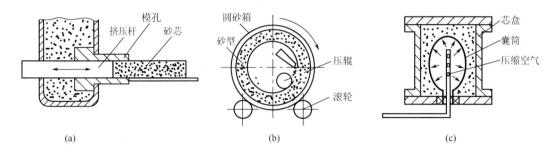

图 2.34　其他压实实砂法

（a）挤压法；（b）滚压法；（c）气鼓法

思考题及习题

一、填空题

1. 铸造上的紧实度定义为＿＿＿＿＿＿＿＿＿＿＿。

2. 通常所说的"静压造型"法是指＿＿＿＿＿实砂法。

3. 使压实实砂紧实度均匀化的方法有＿＿＿＿、＿＿＿＿、＿＿＿＿和＿＿＿＿四种。

4. 如图 2.23 所示为气冲造型时冲击紧实波撞击模样顶部时的情况，根据分析可知，在 d 点附近容易产生类似棚住的现象，称为＿＿＿＿。该现象的产生主要取决于＿＿＿＿因素（通常该因素大于 3.0 时易于出现上述现象）。为了防止上述现象的产生，造型机在结构上采用如图 2.24 和图 2.25 所示的两种特殊装置，这两种装置采用的方法分别是＿＿＿＿、＿＿＿＿。此外，还可采用＿＿＿＿。

5. 气冲法与气渗法的主要区别在于＿＿＿＿＿＿＿＿。

6. 射砂筒的进气方式有＿＿＿＿和＿＿＿＿两种。

7. 影响抛砂紧实度的主要因素有＿＿＿＿、＿＿＿＿、＿＿＿＿和其他因素。

二、简答题

1. 在生产中如何评定砂型的紧实度？

2. 造型时紧实型砂的方法（实砂方法）有哪些？各有何特点？通常用于什么场合？

3. 压实实砂有哪些优点和不足之处？

4. 简述震击法实砂造型的原理及特点。

5. 根据射砂过程及砂粒自射孔射出的过程，简述影响砂粒射出的因素。

第 **3** 章
黏土砂造型设备及其自动化

3.1 造型机的种类及适用范围

按照实砂成型机理的不同，常用的黏土砂湿型造型机主要可分为压实造型机、震压造型机、气流实砂造型机和射压造型机等。

1. 压实造型机

（1）特点：型砂装填于模板上的砂箱后，通常从砂型的背面施加压力（或把模板压入砂箱中）。压实方法有单向压实和差动压实，单向压实有上压式和下压式两种，它们的主要区别在于砂箱与上面的压头还是与下面的模板有相对运动。上压式的余砂在砂箱上方，压头将余砂压入砂箱中。下压式则是余砂在下，压实时模板将余砂压入砂箱，最终模板与砂箱齐平。

（2）适用范围：用于简单、扁平铸件的中小批量生产。差动式压实可用于生产较复杂铸件。

2. 震压造型机

（1）特点：型砂装填于模板上的砂箱内，震实后在砂型背面再用挤压方法使型砂紧实度得到进一步提高，整个砂型的硬度分布更加均匀。

震压造型的压实有低中压和高压两种。低中压可用气压或液压，压头多为平压头；高压则采用液压，压头为成型压头或多触头。

（2）适用范围：用于一般铸件的批量生产和中小复杂铸件的各种批量生产。

3. 气流实砂造型机

气流实砂造型机分为静压造型机和气流冲击造型机两种。

1）静压造型机

（1）特点：加砂后先用压缩空气进行预紧实，然后用压头压实成形。

（2）适用范围：用于生产复杂铸件，可组成自动线进行大批量生产。

2）气流冲击造型机

（1）特点：加砂后利用压缩空气快速释放产生的强烈冲击波使型砂得到紧实。其优点是结构简单，能耗少，生产率高，铸型透气性好，缺点是浇口杯必须单独铣出来。

（2）适用范围：用于中小铸件的大批量生产，并可组成自动线生产。

4. 射压造型机

（1）特点：首先用低压射砂，然后用高压压实。得到的砂型紧实度高，均匀性好，生产率高，如 DISA230 造型机可达每小时 500 箱以上。

（2）适用范围：用于中小铸件的大批量生产。如果所生产的铸件无砂芯或少砂芯，则设备的高生产率特点可以得到充分发挥。

3.2 震压造型机

3.2.1 典型震压造型机

图 3.1 是 Z145 型震压造型机结构示意图。整台机器主要由震压气缸、压板、转臂、机架、起模机构等部分组成，机架为悬臂单立柱结构，主要用于小型机械化铸造车间的小铸件生产，其最大砂箱内尺寸为 400mm×500mm。

造型时，先把上面的压板机构 11 拉开，把砂箱放在工作台上的模板框上，然后填入型砂。在填砂时也可以开动震击气缸 4，产生震击，使型砂边填入边作初步的紧实，这时，将压板转回中心位置与砂箱相对，接着开动压实气缸，使工作台 13 及砂箱一起上升，压板压入辅助框内，将型砂紧实。工作台上升时，四根顶杆一起上升，工作台下降时，四根顶杆受顶不能下落，将砂箱托住，于是模样从砂型起出。这时，砂型已紧实完毕，可以取去，然后使起模顶杆下落，造型机回至起始状态，造型完成一个循环。

震压气缸是震压造型机的主要部件，如图 3.2 所示，主要包括压实气缸、压实活塞及震击气缸、震击活塞等。压实气缸所用比压较低，为 0.25MPa 左右。

压缩空气由震击活塞中心的孔进入气缸，使活塞上升。活塞上升一段距离后，将气缸壁上的排气孔打开，由于排气孔比进气孔大很多，压缩空气迅速排出，缸内气压降低。活塞靠惯性再上升一段距离，然后下落直到发生撞击，如此不断循环。这种震击机构，在整个震击过程中始终在进气，即使气缸排气时也在进气，故称为不断进气的活塞司气方式。

活塞司气的气缸结构简单，适用于需要震击能量较小的小型震压造型机。大型的震压造型机不用活塞司气，而用司气阀司气，控制气缸的进、排气。

压板为转臂式的，为了适应不同高度的砂箱或模板，压板在转臂上的高度可以调整，转臂可以绕中心轴旋转。转臂及机架都是箱形结构。Z145 型震压造型机采用顶杆法起模，起模顶杆的位置可以根据砂箱的大小进行调节。

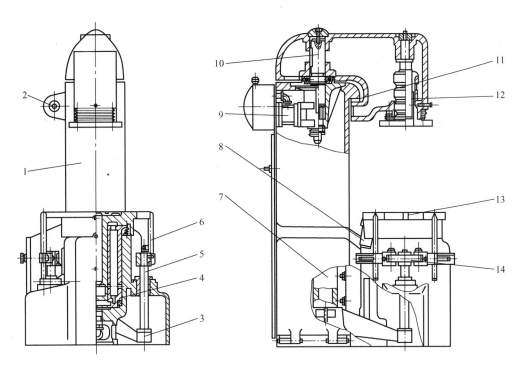

图 3.1　Z145 型震压造型机结构示意图

1—机身；2—按压阀；3—起模同步架；4—震压气缸；5—起模导向杆；6—起模顶杆；7—起模油缸；
8—震动器；9—转臂动力缸；10—转臂中心轴；11—压板机构；12—垫块；13—工作台；14—起模架

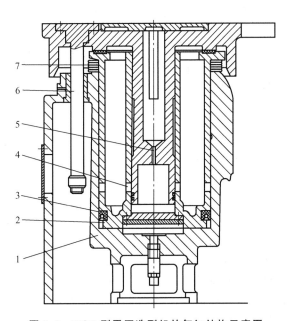

图 3.2　Z145 型震压造型机的气缸结构示意图

1—压实气缸；2—压实活塞及震击气缸；3—密封圈；4—震击气缸排气孔；
5—震击活塞；6—导杆；7—折叠式防尘罩

3.2.2 震击循环及示功图

1. 震击循环

图 3.3 是震压造型机的气缸的工作过程示意图。

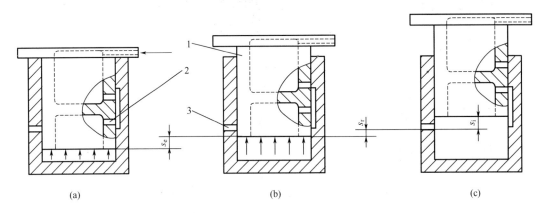

图 3.3 震击造型机的气缸的工作过程示意图
1—震击活塞；2—进气孔；3—排气孔

压缩空气通过震击活塞 1 中的空腔，经气缸壁上的环形间隙，从进气孔 2 进入气缸。气缸内气压上升，推动活塞向上运动。当活塞向上升起一段距离 s_e（称为进气行程）后，空气的气路被切断，气缸不再进气。但由于气缸中的气压仍然比较高，它一面膨胀，一面推动活塞继续上升。活塞又走过一小段距离 s_r（称为膨胀行程）后，将排气孔打开，压缩空气便迅速排出。这时气缸内的气压虽然降低了，但是由于活塞具有向上的惯性力而继续上升，再经过一小段距离 s_i（称为惯性行程）后，惯性丧失，活塞开始下落。活塞下落时，先关闭排气孔 3，一直落到活塞以相当大的速度与工作台发生撞击。与此同时，进气孔被打开，又开始进气，震击工作台受撞击时回弹力的作用，而活塞受气压的作用，重又上升，震击循环重新开始。

2. 示功图

可用示功图来表示震击循环中气缸内气压 p 与活塞行程 s 的变化关系，如图 3.4 所示。从 A 点开始，气缸开始进气。当气缸内进气的气压满足式（3-1）时，活塞受气压推力开始上升。

$$p_A \geqslant \frac{G+R}{F} + p_0 \tag{3-1}$$

式中，G 为活塞、工作台、砂箱、砂型及模板等运动部分的重力（N）；R 为气缸与活塞间的静摩擦力（N）；F 为活塞的截面积（m^2）；p_0 为大气压（Pa）。

气缸继续进气，活塞一直升到 B 点，进气孔关闭。由 B 点至 C 点是膨胀行程。至 C 点排气孔打开，缸内气压下降。由于惯性，活塞一直升到 D 点，直至气压低于 $\frac{G-R}{F} + p_0$ 时，才开始下落。活塞下落至 E 点排气孔关闭，到 F 点进气孔又打开，但因为活塞的下落速度大，气缸内气压尚不很大，所以空气被压缩，活塞继续下落，至 A 点发生撞击，工

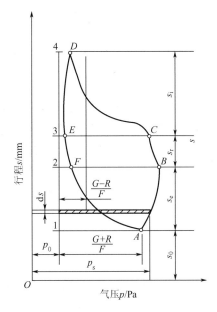

图 3.4 震击循环示功图

作台反跳上升,开始新的循环。第一个循环以后,因为撞击时的回弹力可以减少活塞上升所需的推力,活塞在 A 点所需的上升气压可以比式(3-1)所要求的低些。

示功图表示了循环过程中功的变化。活塞受气体推动上升时,气体对活塞做功。循环曲线所包的面积代表了每个震击循环气体对活塞单位截面所做的功。然而,必须减去运动摩擦所消耗的功,才是一次震击中活塞实际所得的功。

3. 影响震击循环的因素

(1) 进气行程 s_e 及膨胀行程 s_r。示功图的面积大,则震击的能量也大,震击也更为有效。一般来说,进气行程 s_e 及膨胀行程 s_r 越大,则示功图的面积也越大。但若 s_e 过大,则消耗压缩空气多,而且在活塞下落时,过早打开进气孔,气缸中气压过早升高,对活塞下落产生很大的阻力,减弱震击的力量,反而使震击效率降低。所以必须选择适当的 s_e 和 s_r。对于 Z145 型震压造型机,$s_e = (0.4 \sim 0.5)s$,$s_r = (0.2 \sim 0.4)s_e$。

(2) 余隙高度 s_0。活塞在上升之前,活塞与气缸之间,存在着一定的间隙,这部分空隙体积,叫作余隙体积。用 s_0 表示余隙体积折合成活塞行程的高度,称为余隙高度,图 3.4 中 A 点以下的距离即为 s_0。它对震击过程影响很大,若余隙高度过大,则进入气缸的压缩空气较多,气压升高速度减慢,排气时,排出空气时间较长;若 s_0 过小,则在活塞下行阶段,排气孔关闭后气缸内的剩余空气受活塞的压缩,气压升高较快,增加了对活塞的阻力,使震击能量降低。所以余隙高度 s_0 也必须选择适当。对于 Z145 造型机,$s_0 = (0.7 \sim 1.0)s$。

(3) 管路气压。管路气压高可使缸内气压迅速提高,活塞受推力大,上升速度快,惯性行程加长,增加震击效果。相反,管路气压降低,减弱震击效果。若气压降低到一定限度以下,震击循环会出现双重撞击现象,如图 3.5 所示。第一次震击后,由于气压升高慢,所以活塞上升速度不高,惯性行程也不大,因而下落震击力不大。此外,由于进气孔

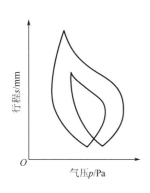

图 3.5　双重撞击时的示功图

开启后，活塞下降速度不大，撞击时，气压已升到一定高度。于是第二个循环开始时气压高，得到一个较大的示功图，产生一个较大的撞击。这种双重撞击，轻重交替，轻的一次往往没有实砂效果。

（4）进气孔和排气孔的大小。进气孔太小，进气过慢，容易出现双重撞击的现象；进气孔太大，下落的活塞将进气孔开启后，进气太快，尚未发生撞击而缸内气压已升得很高，削弱震击的力量。如果排气孔不够大，惯性行程后，缸内气体不能及时排出，则活塞下落时，缸内仍有相当大的气压，也会影响震击的力量。对于 Z145 型震压造型机，进气孔总截面积为震击气缸总截面积的 0.005～0.007，排气孔总截面积为震击气缸总截面积的 0.03～0.05。

3.3　低压微震压实造型机

根据第 2 章的分析，对于较高的砂型，采用微震压实方法，可以获得较好的砂型紧实度分布，这种紧实方法的优点如下：

（1）由于机构中有弹簧垫或气垫缓冲，对地基的震动较小。

（2）可以实现微震、压震及不同紧实方法组合，有高大模样也可以得到较好的紧实。

（3）工作震动频率相对于震击实砂高，因而其造型机的生产率比震击造型机高。

3.3.1　气动微震机构

按缓冲部分结构的不同，气动微震机构可分为弹簧式和气垫式两种。

1. 弹簧式气动微震机构

图 3.6 所示为弹簧式气动微震压实机构工作原理。微震机构处于静止状态时 ［图 3.6(a)左半部］，弹簧高度为 H，为防止预震时工作台与压实活塞顶面发生撞击，在工作台下沿与压实活塞顶面间留有一定的间隙 h（一般为 15～20mm）。现按预震和压震说明其工作原理。

1）预震

预震是指在加砂过程中和加砂后，压实前进行的震击。砂箱加满型砂后，压缩空气由孔 a 经孔 b、c 进入震击缸 8，使震击活塞（工作台）6 上升，同时推动震击缸 8（由于震击缸在机器进行压实时可以上下震动，所以也叫震铁）压缩弹簧下降 ΔH，如图 3.6(a)右半部所示。进气孔 b 被自行关闭，压缩空气在经过一膨胀过程后，震击缸 8 上的排气孔 d 被打开，进行排气，震击缸 8 内压力骤降，活塞与工作台因自重下降，震击缸则在弹簧的作用下向上运动，两者发生撞击，完成一次循环。如此循环往复。

2）压震

压震就是在压实的同时进行震击。当砂型进行压实时，压缩空气由 e 孔进入压实缸 9，使压实活塞 7 上升，并通过弹簧 10 托起震击缸 8 及震击活塞 6，首先砂箱中的型砂与压头

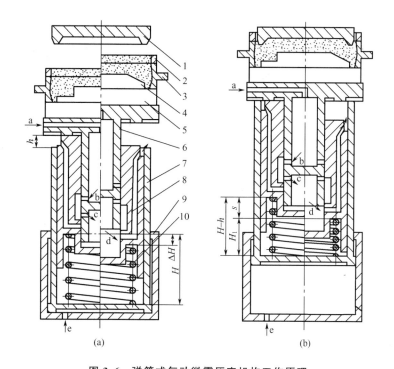

图 3.6　弹簧式气动微震压实机构工作原理

1—压头；2—辅助框；3—砂箱；4—模板；5—模板框；6—震击活塞（工作台）；
7—压实活塞；8—震击缸（震铁）；9—压实缸；10—弹簧

1 接触，此后压实活塞 7 继续上升，使压实活塞 7 顶住震击活塞 6，弹簧高度变为 $H-h$，如图 3.6(b) 左半部所示。这时，由于震击活塞 6 已被压住，由 a 孔将压缩空气通入震击缸 8 后，只能将震击缸下推，震击缸克服弹簧的弹力下移进气行程 s_e 后，进气孔 b 关闭。由于压缩空气的膨胀，震击缸继续下移膨胀行程 s_r，接着排气孔 d 被打开，震击缸内气压很快下降，由于惯性的作用，震击缸还能继续下移惯性行程 s_i，此时，震击缸的最大行程为 $s=s_e+s_r+s_i$。然后，震击缸在弹簧恢复力的作用下向上运动，直到与工作台发生撞击。如此反复循环，震击缸便在砂型压实过程中对工作台连续不断进行撞击，达到边压实边震动的效果。

2. 气垫式气动微震机构

采用空气垫代替弹簧式气动微震机构中的弹簧即为气垫式气动微震机构，其主要类型有单柱塞式、双柱塞式和环形气垫式。

图 3.7 为环形气垫微震压实机构示意图。断面呈 "H" 形的震铁 6 把工作台 1 的震击活塞分成微震腔 5 和气垫腔 9 两部分。当由气垫口 b 减压进气后，工作台 1 和震铁 6 之间在撞击面处被压紧；然后由震击口 a 进气，由于震击口的进气压力大于气垫口的进气压力，因此，工作台 1 连同其上的负载一起上升，而震铁 6 下降，直至排气口 4 被打开进行排气，微震腔 5 内气压骤降，工作台 1 及其负载因自重下落，而气垫腔 9 内的空气，一方面使震铁 6 上升，另一方面使工作台 1 及其负载加速下落，造成二者相对撞击，完成一次循环。

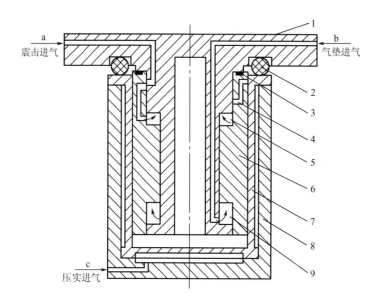

图 3.7 环形气垫微震压实机构示意图

1—工作台（震击活塞）；2—支撑物（橡胶或弹簧）；3—震击垫；4—排气口；
5—微震腔；6—震铁；7—压实活塞；8—压实缸；9—气垫腔

气垫式气动微震机构的优点：气垫气源可保持常进气，起模时无需排出，耗气量少。气垫压力可一定范围内进行调节，因此气垫腔直径的设计比较灵活。撞击面成环形，震击效果比集中一处要好。

气垫式气动微震机构的缺点：结构复杂，支承弹簧设计较麻烦。

3.3.2 ZB148A 型低压微震压实造型机

ZB148A 型低压微震压实造型机主要由震压机构、起模机构、压头、加砂机构和机身等构成，适用的最大砂箱尺寸为 800mm×600mm×250mm，压实比压为 300kPa，生产率为每小时 180 箱。

1. 震压及起模机构

图 3.8 为震压及起模机构示意图。震压机构的原理与弹簧式气动微震压实机构相同。起模方式是顶箱起模，环形起模活塞 6 置于压实活塞 3 和压实缸 7 之间，起模顶杆设在同一起模缸上，能保证同步的要求。起模活塞内设有通气道，通入压缩空气可实现起模机构的升降。为防止起模时工作台的浮动，先用工作台卡紧器卡紧工作台后再行起模。

2. 压头高度调节及回转机构

图 3.9 为压板高度调节机构示意图。当旋转升降盘 3 时，差动丝杠 1 随之转动，因螺母 2 固定在转臂 9 上，故差动丝杠 1 随升降盘转动而升降。固定于压板 5 上的丝杠 6 与差动丝杠 1 以左螺纹联接，而压板 5 受偏心轴 8 限制不能转动，故当差动丝杠 1 旋转升降时，丝杠 6 也随之升降，因而升降盘 3 转动一个螺距，压板 5 就能获得两个螺距的升降距离。

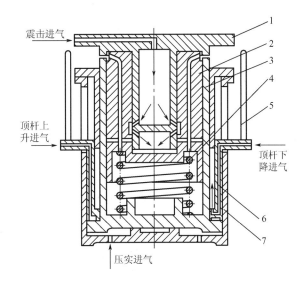

图 3.8 Z148A 型造型机震压及起模机构示意图
1—震击活塞（工作台）；2—震击缸；3—压实活塞；4—弹簧；5—顶杆；
6—环形起模活塞；7—压实缸

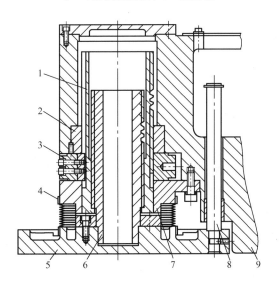

图 3.9 ZB148A 型造型机压板高度调节机构示意图
1—差动丝杠；2—螺母；3—升降盘；4—卡箍；5—压板；6—丝杠；
7—托架；8—偏心轴；9—转臂

压头的回转通过两只气缸实现。为了防止回转终了时的冲击，装有缓冲缸，如图 3.10 所示，整个压头转臂是活套在齿轮轴 1 上的，当压缩空气通入下部气缸时，上部气缸排气，由于齿轮轴是固定的，所以与之啮合的齿条也不能移动，只能转动。这样，进入下部气缸的压缩空气只能推动气缸体绕齿轮轴作逆时针方向回转。反之，当压缩空气通入上部气缸时，压头向顺时针方向回转。压头转动的后期，齿条活塞的中间隔板压迫缓冲缸的活塞杆端部，使该油缸中的油液经节流阀 6 流向另一端的缓冲油缸，从而起缓冲作用。

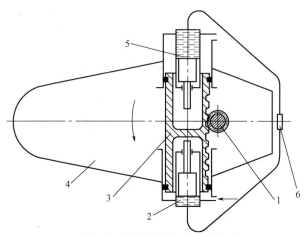

图 3.10　ZB148A 压头转动原理
1—齿轮轴；2、5—缓冲液压缸；3—气动活塞（齿条）；4—压头转臂；6—节流阀

3.4　气流实砂造型机

3.4.1　气冲造型机

以气冲方法进行实砂的造型机总称为气冲造型机。气冲造型机的结构差异不大，主要由加砂机构、气冲装置、起模机构和工作台举升机构等构成，其主要差异来自气冲阀的结构。下面将以栅格式气冲阀造型机为例进行介绍。

1. 概述

图 3.11 是一种栅格式气冲造型机的结构示意图，机器为四立柱结构。在气冲阀出口处，有一块钻有许多小孔的阻流板 9，而在辅助框 10 的相应位置上，装有导气框，这是按照差动气冲法的原理，用以消除模样四周入口处形成漏斗堵塞和进气不匀在砂型顶产生砂流旋涡，使所得砂型内紧实度分布均匀的措施。

工作过程如下：

（1）在套箱工位将辅助框、砂箱套在模板上，加砂，然后推入造型机，同时刮板刮去辅助框表面的余砂。

（2）工作台上升，将辅助框顶在气冲头上。

（3）气冲紧实：打开安全锁紧机构，气冲阀上腔排气，下腔的高压氮气使气冲阀打开。

（4）关闭气冲阀：气冲阀油缸进油，关闭气冲阀，然后将气冲阀锁住。

（5）排气：胶胆阀打开，排除气冲阀和砂箱上腔密闭容积的气体。

（6）工作台下降：此时辅助框辊道复位，在工作台下降时将辅助框接住，工作台继续下落直至将砂箱和辅助框放到辅助框辊道上。

（7）造好的铸型送入起模工位，并进行起模，辅助框又回到套箱及加砂工位。

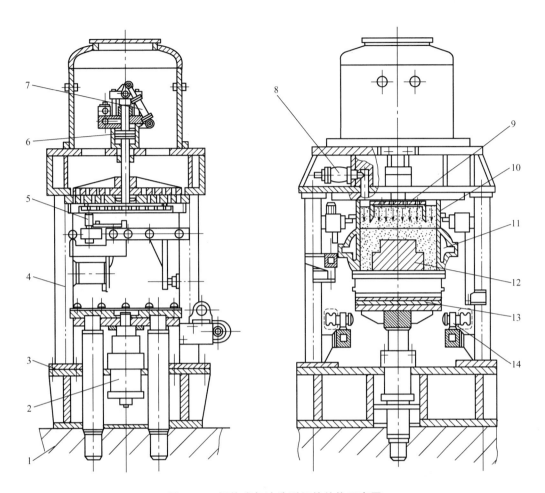

图 3.11 栅格式气冲造型机的结构示意图

1—底座；2—液压举升缸；3—机座；4—支柱；5—辅助框辊道及驱动电动机；6—气冲阀；
7—气动安全锁紧缸；8—胶胆阀；9—阻流板；10—辅助框；11—砂箱；12—模样及模板框；
13—工作台；14—模板辊道

2. 栅格式气冲阀的结构

图 3.12 是栅格式气冲造型机气冲阀的结构简图。当动阀盘 7 闭合时［图 3.12(a)］，两个阀盘上的栅格孔互相遮盖，气冲阀关闭。气冲时，打开动阀 7［图 3.12(b)］，储气包 1 中的压缩空气穿过两个阀盘上互相错开的孔，向下作用在砂型顶上，实现气冲紧实。

动阀盘的启闭，由上面一个复合的气/液压缸控制。活塞杆 6 的下部是高压氮气缸 5（即控制阀盘启闭的气缸），所用的气压为 10～15MPa。活塞 4 的上部为高压液压缸，其油液压力为 22～25MPa。气冲时，先将锁紧凸轮放开，然后液压缸 3 排油，压力迅速降低，活塞 4 下面的高压氮气缸 5 推动活塞杆 6 向上运动，将动阀盘 7 上提，打开气冲阀，进行气冲。

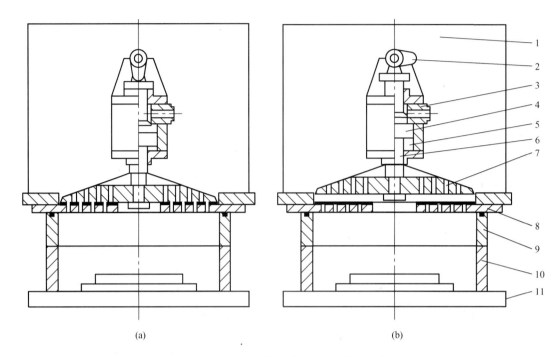

图 3.12 栅格式气冲造型机气冲阀的结构简图

1—储气包；2—气动锁紧凸轮；3—控制阀盘启闭的液压缸；4—活塞；
5—控制阀盘启闭的气缸；6—活塞杆；7—动阀盘；8—定阀盘；9—辅助框；10—砂箱；11—模板

3. 影响升压速度的因素分析

本质上，气冲过程是一个高压气室向另一个气压较低的气室充气的过程。按气体动力学，在这样的充气过程中，气室气压 p_1 的升压速度 $\mathrm{d}p_1/\mathrm{d}t$ 可用式（3-2）描述。

$$\frac{\mathrm{d}p_1}{\mathrm{d}t}=kp_0\mu\psi\;\sqrt{RT}\frac{f}{V}=C\cdot\frac{f}{V} \tag{3-2}$$

式中，k 为空气绝热系数；p_0 为气室的工作气压；μ 为阀孔的空气流量系数；ψ 为系数，$\psi=2.15$；R 为气体常数；T 为气室内压缩空气温度；f 为阀孔的流通面积；V 为砂箱顶部空隙的容积；C 为常系数。除 f 和 V 外，其他都是常数或变化不大。

（1）V 的影响。V 越大，则 $\mathrm{d}p_1/\mathrm{d}t$ 越小，所以 V 是一个不利的因素。在设计气冲阀时，应尽可能减小这一空隙。然而，在阀孔下面与已填砂的砂型之间，结构上有一定空隙是不可避免的，如果阀孔下有扩大孔或分流板，则扩大孔与分流板上的空隙也包括在 V 之内。

图 3.12 所示的栅格式气冲阀设计成向上开启，就是为了减小由于阀门结构本身所造成的空隙，将有害空隙尽量减小，从而加强气冲冲击。

（2）阀孔的流通面积 f。在各项影响因素中，以阀孔的流通面积对升压速度的影响为最大。如图 3.13 所示的阀孔，在开阀瞬间，动阀盘刚上提，其开口距离 h 较小时，阀的流通面积不是阀孔圆的截面积，而是 hS（S 为阀孔的周长）。为了增大阀孔的流通面积，一些气冲阀阀盘上制有许多孔，使阀孔的周长加长，S 加大，以提高气冲的强力程度。

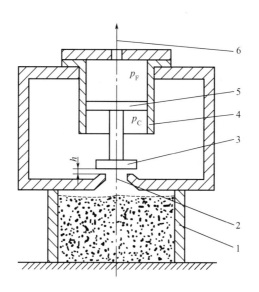

图 3.13　气冲阀的控制气阀
1—砂箱；2—阀孔；3—动阀盘；4—气冲的控制气缸；
5—控制气缸的活塞；6—通快速排气阀

（3）提高提阀速度 $\mathrm{d}h/\mathrm{d}t$。设动阀盘、阀杆及活塞等运动部分的质量为 m，气冲时将阀盘上抬的作用力为 F，则有

$$\frac{\mathrm{d}h}{\mathrm{d}t}=at=\frac{F}{m}t \qquad (3-3)$$

式中，a 为动阀盘运动的加速度；h 是阀的开口距离。

气冲阀的启闭通常采用压力缸控制，其上提作用力 F 的大小直接与活塞上面压力腔的压强 p_F 和活塞下面提阀腔压强 p_C 压力差（p_C-p_F）有关，如图 3.13 所示。要加大提阀作用力，就需要加大 p_C 并尽可能减小 p_F。特别在提阀开始时期，为了减小 p_F 对提阀的阻力，应尽可能使 p_F 迅速减小。因此，绝大多数气冲控制阀上腔的排气采用快速排气阀。

4. 提阀特性曲线的改善方法

图 3.14 中的曲线 2 是图 3.13 所示气冲阀的提阀特性曲线，在起点附近，阀的开口 h 很小，开阀速度不大，需一段时间，才能获得较大的提阀速度。为了获得强力的气冲，提阀特性曲线最好能如曲线 1 那样，在阀盘刚开始向上运动时，就具有相当大的运动速度。为此，绝大多数气冲阀的阀盘控制缸的上腔排气采用特殊结构的快速排气阀，以达到好的气冲效果。

（1）撞击式气冲阀。如图 3.15 所示，气冲前，提阀气缸 1 将活塞 2 及阀盘 4 压紧在阀座 6 上，气

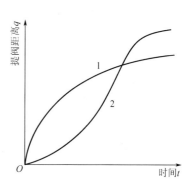

图 3.14　气冲阀的提阀特性曲线
1、2—提阀特性曲线

冲阀关闭。气冲时，提阀气缸 1 迅速排气，活塞 2 下面的气室气压将活塞向上推，加速向上运动，此时，阀盘 4 受气压压住并不动，阀孔 5 保持封闭状态。活塞 2 向上运动一段距离 l 后，它下面的撞击块 3 与阀盘 4 上的撞击块相碰撞，此时活塞 2 经过两段时间加速，具有相当大的速度 v_1，通过碰撞，阀盘得到更大的上升速度 v_2。

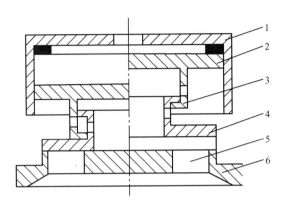

图 3.15 撞击式气冲阀结构示意图
1—提阀气缸；2—活塞；3—撞击块；4—阀盘；5—阀孔；6—阀座

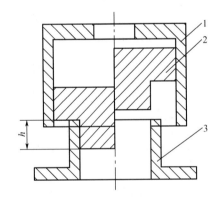

图 3.16 中途开阀气冲阀结构示意图
1—提阀气缸；2—活塞及阀盘；3—阀座

（2）中途开阀气冲阀。中途开阀气冲阀结构示意图如图 3.16 所示，其左半边为闭阀状态，活塞及阀盘压住阀座 3 上的阀孔，气冲阀封闭。气冲时，提阀气缸 1 排气，气室气压将活塞及阀盘 2 向上推，在活塞上升的最初一段距离内，阀盘仍堵住阀孔，气冲阀尚没有打开，待活塞向上运动一段距离 d 后，阀盘将阀孔打开，开始气冲进气。这种结构的优点是避免了在提阀速度尚小时打开阀孔，而在阀盘向上运动的中途，提阀速度较大时打开阀孔，提高了初始开阀速度。

3.4.2 静压造型机

静压造型机在结构上与气冲造型机相似，只是静压装置的气流打开速度要比气冲装置慢。静压造型过程如图 3.17 所示。

（1）定量斗加砂［图 3.17(a)］。加满砂后，定量斗 1 移出至加砂皮带机头部装砂，与此同时与定量斗铰链接的压头 9 移入型腔上方。

（2）举升液压缸 7 使模板 5、砂型 3、辅助框 2 和压头 9 紧贴形成一个密封系统，快开阀打开，压缩空气产生的冲击波将型砂朝着模板方向进行预紧实，空气则通过模板 5 上的排气塞及模板框 6 排出，如图 3.17(b) 所示。

（3）压头 9 从背面对型砂进压实，如图 3.17(c) 所示。

（4）举升液压缸 7 下降起模，同时压头 9 移出，带动装有型砂的定量斗 1 进入砂型 3 和辅助框 2 上方［图 3.17(d)］，等待下一次造型。

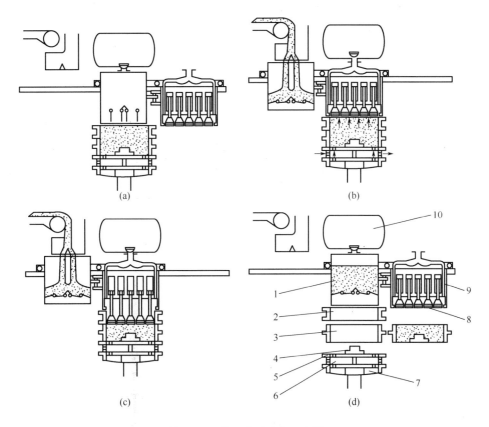

图 3.17　静压造型过程示意图

（a）加砂；（b）预紧实；（c）压实；（d）脱模/空箱进入

1—定量斗；2—辅助框；3—砂型；4—模样；5—模板；6—模板框；7—举升液压缸；
8—触头；9—压头；10—储气罐

　　静压造型采用气流预紧实方式可在很大程度上减轻气冲那样的"架桥"现象。同时由于采用排气塞排气，预紧实时，砂流向着模板上的排气塞方向流动，使装有排气塞的局部区域型砂充填性好，紧实度高，砂型整体紧实度好且分布均匀。

3.5　多触头高压微震造型机

3.5.1　概述

　　高压造型机是 20 世纪 50 年代发展起来的黏土砂造型机，由于具有所得铸件尺寸精度高、表面粗糙度值低、生产效率高等一系列优点，被广泛应用。高压造型机通常采用多触头压头，并与气动微震紧实相结合，故称为多触头高压微震造型机。

　　图 3.18 是一种典型多触头高压微震造型机的结构简图，其机架为四立柱式，上面横梁 10 上装有浮动式多触头压头 13 及漏底式加砂斗 8，它们装在移动小车上，由压头移动缸 9 带动可以来回移动。机体内的紧实缸可以分为两部分，上部是微震气缸 17，下部是具

有快速举升缸的压实缸 1。4 是模板穿梭机构，将模板框连同模板送入造型机。定位后，由工作台 6 上的模板夹紧器 16 夹紧。

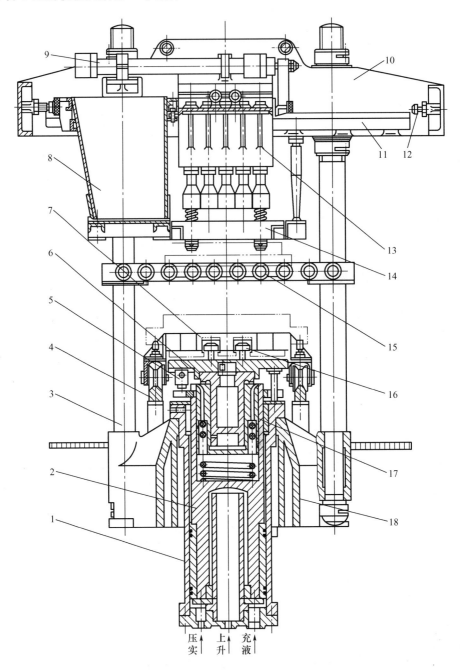

压 上 充
实 升 液

图 3.18 典型多触头高压微震造型机的结构简图

1—压实缸；2—压实活塞；3—立柱；4—模板穿梭机构；5—震动器；6—工作台；
7—模板框；8—加砂斗；9—压头移动缸；10—横梁；11—导轨；12—缓冲器；
13—多触头压头；14—辅助框；15—边辊道；16—模板夹紧器；17—微震气缸；18—机座

造型时，空砂箱由边辊道 15 送入。压实活塞 2 先快速上升，同时，高位油箱向压实缸 1 充液。工作台 6 上升，先托住砂箱，然后托住辅助框 14，此时压头小车移位，加砂斗向砂箱填砂。同时开动微震机构进行预震，型砂得到初步紧实。加砂及预震完毕，压头小车再次移位，加砂斗移出，多触头压头移入。在小车移动过程中，加砂斗将砂型顶面刮平。然后，微震气缸 17 与压实缸 1 同时工作，从压实孔通入高压油液，实施高压，进行压震，使型砂进一步紧实。紧实后，工作台 6 下降，边辊道托住砂型，实现起模。

3.5.2 高压压实机构

多触头高压微震造型机所需压实比压为 0.7～1.5MPa，若仍用压缩空气直接作动力，则机构过于庞大。此外，开始压实前，上升接箱、接砂等动作占了活塞行程的大半，而在这些行程中仅需满足举升力和克服摩擦阻力的需要，无需很大压力；即使在压实实砂过程中，也并不是自始至终都要高压。为满足上述特性，通常采用特殊结构的压实机构。

1. 带增压缸的压实机构

图 3.19 所示为一种在造型机机体内附设增压缸的压实机构。快速上升和低压压实时仅从 A 孔输入压力油，这时中间液压缸的直径较小，所以导向缸 1 快速上升。高压压实时将油路 A 切断，而从 B、C 孔同时输入压力油，增压活塞 2 大端的压力通过活塞的传递，使小端油腔中的压力升高，从而增大了压实力。这种机构比较紧凑，避免采用高位油箱补充油液，但结构复杂，加工困难。

2. 具有快速举升缸的压实机构

图 3.20 所示为具有快速举升缸的压实机构。当需要快速上升和低压压实时，从底部中央的 A 孔输入压力油，并通过高位油箱经孔 B 向压实缸内充油。在需要高压压实时，切断油路 B，而从 A、C 孔同时输入高压油。它可利用小流量的高压泵，获得大截面油缸快速举升的效果。此种机构虽然因为充液需要附设高位油箱，但液压缸结构简单，便于加工和保证尺寸精度，所以被较多采用。

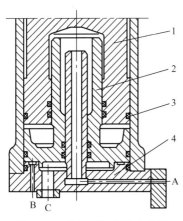

图 3.19 带增压缸的压实机构
1—导向缸；2—增压活塞；
3—压实缸；4—缸盖

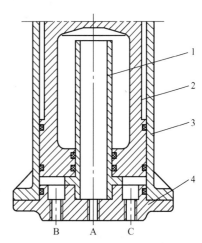

图 3.20 具有快速举升缸的压实机构
1—中心导柱；2—压实活塞；
3—压实缸；4—缸盖

3.5.3 多触头压头

多触头压头是由许多小的触头组装成为一个压头，其数目在20～120个之间，甚至更多。触头一般呈矩形，单个触头边长为100～200mm，相邻两触头间隔为6～10mm，边触头外缘与砂箱内壁间有10～15mm的间隙。多触头压头大都用液压缸推动，分为主动式和浮动式两种。

1. 主动式多触头压头

主动式多触头压头指在其工作过程中触头由独立的液压推动主动加压的结构，原理如图3.21所示。加压前，触头在液压缸中缩进；加压时，触头液压缸顶上进油，将触头压向砂型。液压缸内的油压可以是相同的，各触头的实砂压力相同；也可以另通油路，使边上触头液压缸的油压高一些，使边触头的比压较高。

2. 弹簧复位浮动式多触头压头

如图3.22所示，压实时，工作台上升，有的触头受压实力作用而缩进，相对于模样低处的压头则受内部油压作用向外伸出压砂。压实完毕，压力去除，伸出的触头因弹簧力的作用而复位。一方面，伸出和缩进触头要克服的弹簧回复力不同，另一方面运动的摩擦阻力对伸出和缩进的触头也不相同。因此，各个触头的压砂力并不完全相同，故弹簧刚度应尽量取得小一些，一般刚度为3000～6000N/m。

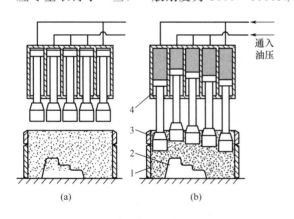

图3.21 主动式多触头压头工作原理

（a）原始位置；（b）加压位置

1—砂箱；2—模样；3—触头；4—液压缸

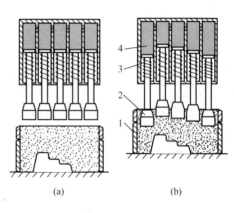

图3.22 弹簧复位浮动式触头工作原理

（a）原始位置；（b）压实位置

1—砂箱；2—触头；3—复位弹簧；4—液压缸

3. 液压缸复位浮动式多触头压头

液压缸复位浮动式多触头压头的工作原理如图3.23所示，压砂前，各个触头都在最低位置，压砂时，触头与型砂接触，补偿液压缸的活塞后退，各触头都退后一定距离。当补偿活塞退到终端时，工作台进一步上升，触头液压缸内产生高压，各触头自动调整平衡位置，与模样的形状相适应，使压实力均匀化。压实完毕，补偿液压缸活塞前进，迫使各个触头复位。这种油缸复位方式比弹簧复位更为可靠。

提高边触头压砂力的方法有：①把位于四周的边触头做成带凸棱的，如图3.24(a)所示；②使边触头的截面积小一些，如图3.24(b)所示。

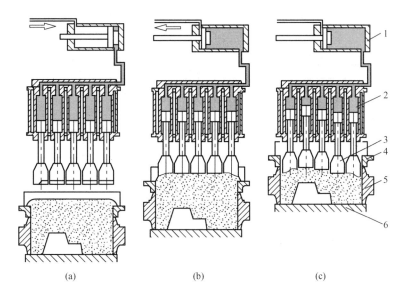

图 3. 23　液压缸复位浮动式多触头压头的工作原理

（a）原始位置；（b）中间位置；（c）压实位置

1—复位油缸；2—触头液压缸；3—触头；4—辅助框；5—砂箱；6—模板

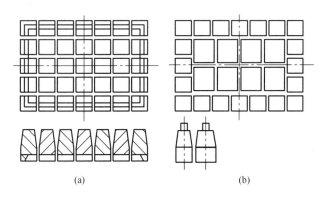

图 3. 24　提高边触头压砂力的方法

（a）带凸棱的边触头；（b）减小边触头截面

3.5.4　加砂机构

加砂机构的工作情况对保证砂型紧实度的均匀性也很重要。多触头高压造型机常用的加砂机构有如下几种。

1. 闸门式加砂斗

闸门有对开和单向开合两种。图 3.25 是一种对开式闸门加砂机构的原理图。砂斗闸门 4 分为两半，由位于两侧的闸门开合缸 3 驱动连杆机构，使闸门同步地开合。当闸门打开时，一定量的型砂落入砂箱及辅助框内；而关闭时铲平砂面并将多余的型砂关在砂斗内。因此，闸门只起加砂作用，型砂的实际加入量取决于辅助框和砂箱的高度。

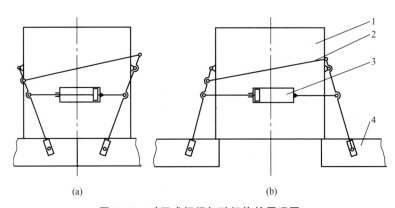

(a)   (b)

图 3.25　对开式闸门加砂机构的原理图

（a）闭合状态；（b）开门加砂状态

1—加砂斗；2—连杆；3—闸门开合缸；4—闸门

2. 漏底式加砂斗

漏底式加砂斗用于压头移动式的高压造型机上，与压头体组装在一起。加砂斗是一个开底的箱体。漏底式加砂斗结构简单，缺点是加砂不均匀，特别是砂箱的四角。为了弥补这一缺点，加砂斗的移动应有一定的超越行程。

3. 百叶窗式移动加砂斗

百叶窗式移动加砂斗如图 3.26 所示。这种加砂斗是在箱形砂斗 7 中装有百叶窗式底板，型砂由带式输送机从上面送给，给砂量由装在加砂斗内的砂位计或其他方法定量控制。加砂时，加砂斗移至造型位置上面，驱动缸 1 通过小连杆 2 使百叶窗旋转呈垂直状态。型砂均匀地落入砂箱。加砂完毕，百叶窗底板关闭。这种加砂机构易于定量，加砂比较均匀，在大型造型机中应用的比较多。

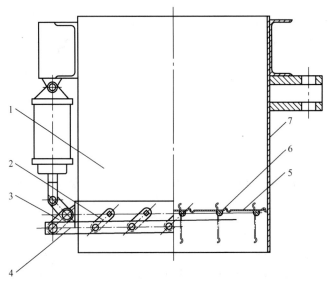

图 3.26　百叶窗式移动加砂斗

1—驱动缸；2—小连杆；3—曲柄；4—连杆；5—百叶片；6—转轴；7—箱形砂斗

4. 带松砂转子的加砂斗

带松砂转子的加砂斗是在百叶窗式加砂斗下，安装一组旋转松砂转子 3（图 3.27），从百叶窗下落的型砂经过松砂转子打松，填入砂箱中。

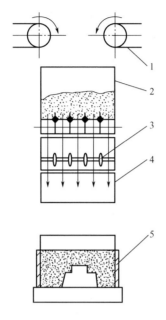

图 3.27 带松砂转子的加砂装置
1—带式输送机；2—加砂斗；3—松砂转子；4—导砂套；5—砂箱

5. 加面砂及背砂的加砂装置

有时造型工艺要求加砂斗能先加面砂，再加背砂，图 3.28 所示就是一种这样的装置。在移动式漏底的背砂斗 1 前面，有一个面砂斗 2，面砂斗 2 下面是星形加砂轮 3。在加砂装置移向砂箱 7 上面的过程中，星形加砂轮 3 转动，在模板上先均匀地撒一层面砂，然后背砂斗 1 再加一层背砂。

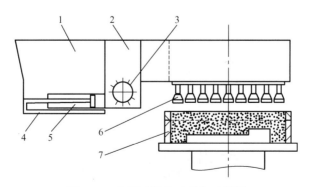

图 3.28 加面砂及背砂的加砂装置
1—背砂斗；2—面砂斗；3—星形加砂轮；4—闸门；
5—闸门液压缸；6—多触头；7—砂箱

3.6 射压造型机

射压造型具有紧实度分布均匀、工作无震动、无噪声、紧实速度快、机器结构比较简单等诸多优点，所以有的造型机采用射压实砂，主要应用于无箱及脱箱造型中。

3.6.1 有箱射压造型机

图 3.29 是一种有箱射压造型机的结构示意图。其中，5 是射砂筒，呈卡腰形，即所谓文邱里筒，在卡腰处引入压缩空气，有利于型砂的射出，同时可以避免射砂筒体中产生气压差，防止型砂在射砂筒中被紧实。同样，为了避免型砂在射砂筒中被紧实，降低射砂筒中的气压差，采用的射砂气压比较低，为 250～300kPa。8 是射砂板，兼作压板。在射砂时，液压缸 6 将辅助框 9 压紧在砂箱 10 上，保证砂箱上缘密封。辅助框 9 内部有排气孔，兼作上排气用。压实时，压实缸顶着模板 11 及砂箱 10 向上，液压缸 6 放松，辅助框 9 向后退缩，射砂板将型砂压实。

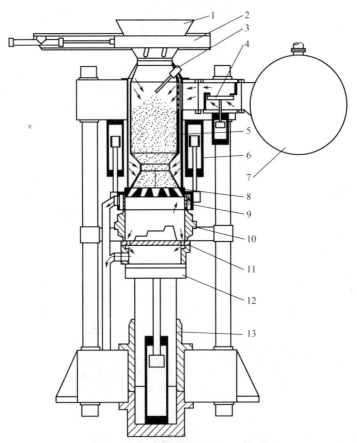

图 3.29 有箱射压造型机的结构示意图

1—砂斗；2—加砂闸板；3—砂位计；4—进气阀门；5—卡腰形射砂筒；6—（辅助框升降）液压缸；
7—储气包；8—射砂板；9—辅助框；10—砂箱；11—模板；12—工作台；13—工作台升降及压实缸

射压造型机也可以用模板加压或同时用压板加压及模板加压，以保证在模样复杂，具有很大砂胎的情况下，砂型也能获得均匀的紧实度。

3.6.2 垂直分型无箱射压造型机

1. 垂直分型无箱射压造型机工作原理

如图 3.30 所示，垂直分型无箱射压造型机的造型室由造型框及正、反压板组成，正、反压板上有模样，封住造型室后，由上面的射砂机构填砂，再由正、反压板加压，紧实成两面都有型腔的型块 [图 3.30(a)]。然后，反压板退出造型室并向上翻起，让出型块通道 [图 3.30(b)]。接着，压实板将造好的型块从造型室推出且一直前推，使其与前一型块推合，并且还将整个型块向前推过一个型块的厚度 [图 3.30(c)]。以后压实板退回，反压板放下并封闭造型室，机器即进入另一个造型循环。

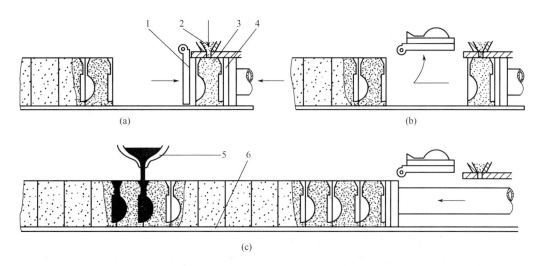

图 3.30 垂直分型无箱射压造型机造型原理
1—反压板；2—射砂机构；3—造型室；4—压实板；5—浇注台；6—浇包

这种造型方法的特点如下：

(1) 射压方法所得型块紧实度高而均匀。

(2) 型块的两面都有型腔，铸型由两个型块间的型腔组成，分型面是垂直的。

(3) 连续造出的型块，互相推合，形成一个很长的型列。浇注系统设在垂直分型面上，不需卡紧装置。

(4) 一个型块即相当一个铸型，生产率很高。

2. 垂直分型无箱射压造型机总体结构及造型工序

垂直分型无箱射压造型机的总体结构如图 3.31 所示。机器的上部是射砂机构，射砂筒 1 的下面是造型室 14，正、反压板由液压缸系统驱动。为了获得高的压实比压和较快的压板运动速度，采用增速油缸 4。为了保证合型精度，结构上采用了四根刚度大的长导杆 10 协调正、反压板的运动。造型室前有浇注平台，推出的砂型块即排列在上面。

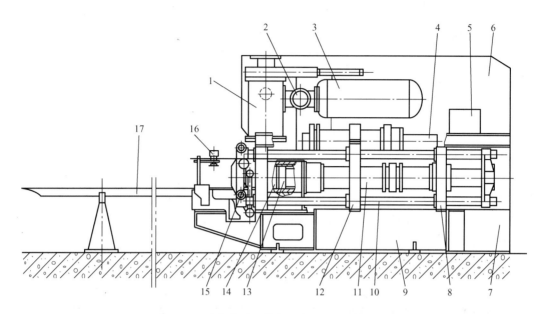

图 3.31 垂直分型无箱射压造型机的总体结构

1—射砂筒；2—射砂阀；3—储气罐；4—增速油缸；5—控制箱；6—罩壳；7—泵站；

8—后框架；9—机座；10—导杆；11—主液压缸；12—中框架；13—压实板；

14—造型室；15—反压板；16—压型器；17—浇注平台

造型过程可分为六道工序，如图 3.32 所示。

工序 1——射砂：正、反压板将造型室 14 关闭，进行射砂，射砂结束后，射砂阀关闭，打开排气闭，排出筒内残余空气。

工序 2——压实：经 C 孔进入主液压缸的高压油，作用于后活塞上，将砂型进一步压实。当砂型比压达到预定值时，压实板停止挤压。

工序 3——起模 I：高压油由 B 孔进入后液压缸，使反压板先平行外移，反压板上的模样脱离砂型起模，然后在导向凸轮的控制下，向上翻起到水平状态，造型室前方门被打开。在起模时，反压板上的震动器动作。同时，射砂筒上加砂闸板打开，对射砂筒加砂。

工序 4——推出合型：高压油由 D 孔进入增速液压缸，并通过活塞使增速液压缸内的油液经 E 孔流入主液压缸，作用于前活塞上带动压实板将铸型推出造型室，实现合型，并将整个型块列向前推进相当于一个砂型厚度的距离。

工序 5——起模 II：高压油由 A 孔进入前液压缸，使压实板退回，实现起模 II，退回的行程可根据砂块厚度进行调节。

工序 6——关闭造型室：由 D 孔进入增速液压缸的高压油，推动活塞，使增速液压缸的油液经 E 孔流入主液压缸，使反压板返回初始位置。此时停止加砂，并开始下一循环。

3. 垂直分型无箱射压造型机主要部件

1）射砂机构

射砂机构如图 3.33 所示，与一般射砂机构相似。由于造型用砂量较大，所以射砂筒

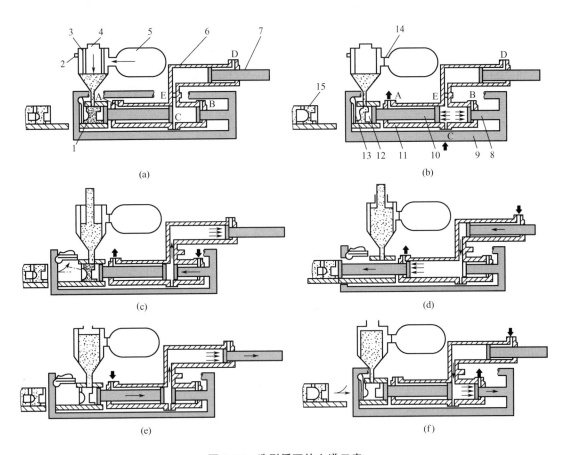

图 3.32 造型循环的六道工序

（a）工序Ⅰ—射砂；（b）工序Ⅱ—压实；（c）工序Ⅲ—起模Ⅰ；（d）工序Ⅳ—退出合型；

（e）工序Ⅴ—起模Ⅱ；（f）工序Ⅵ—关闭造型室

1—造型室；2—排气阀；3—射砂筒；4—砂闸板；5—储气罐；6—增速液压缸；7—增速活塞；

8—辅助活塞；9—导杆；10—主活塞；11—液压缸；12—正压板；13—反压板；

14—射砂阀；15—砂型

较高。由于砂型的紧实主要靠压实，对射砂并不追求高的紧实度，所以射砂筒的筒壁上并不开设进气缝隙，进气为顶上进气。射砂头较高而且锥度较大，使型砂容易在射砂头中流动，向射孔附近的流化区补充。造型室为上排气。

射砂筒内装有料位计探头，用以检查筒内的砂位高度，并用以控制供砂系统。有的造型机采用二次射砂系统，克服一次射砂所得砂型紧实度下部高、上部低的缺点。

2）液压缸系统

压实机构采用带增速的液压缸的液压系统。主液压缸的结构如图 3.34 所示。主液压缸是一个双向液压缸，因为整个液压缸较长，为了加工制造方便，把它分成前缸及后缸两部分。前、后两个活塞共处在一个液压缸中，虽然可使油路控制比较简单，但是一个活塞的运动有时会对另一个活塞产生干扰作用，会影响造型质量。为此，可将前、后两个活塞互相隔离。

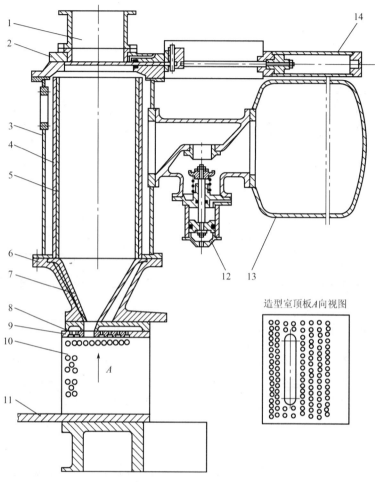

造型室顶板A向视图

图 3.33　垂直分型无箱射压造型机的射砂机构

1—加砂口；2—闸门；3—射砂筒体；4—射砂筒；5—不锈钢射砂筒衬；6—射砂头；7—射砂筒内衬；
8—排气孔；9—造型室顶板；10—造型室侧板；11—造型室底板；12—射砂阀；
13—储气罐；14—闸门气缸

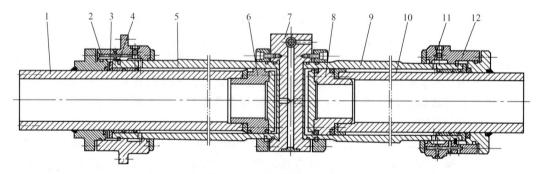

图 3.34　主液压缸的结构

1—前活塞杆；2、7、12—端盖；3—导向套筒；4—半环；5、9—缸体；
6、8—活塞；10—后活塞杆；11—排气塞

3）反压板翻起机构

反压板翻起动作原理如图3.35所示。由后活塞带动的四根长导杆6使反压板架1作起模的退出及关闭造型室的运动，反压板2由转轴装在反压板架上，由连杆3带动作翻动运动。连杆3的下端是一个导轮4，在机座上的一个凸轮导板5上滚动。当反压板架向左起模退出一定距离时，导板5就将导轮4抬起〔图3.35（b）〕，顶着反压板向上翻起〔图3.35（a）〕，让过位置，使以后的型块能顺利地从它下面通过，穿过反压板架框，推到合型浇注平台上。

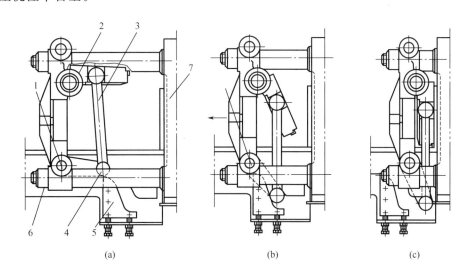

（a）   （b）   （c）

图3.35　反压板翻起动作原理
（a）翻起位置；（b）中间位置；（c）合上位置
1—反压板架；2—反压板；3—连杆；4—导轮；5—导板；6—导杆；7—造型室

4）下芯机构

造型机所造砂型如果有型芯的话，必须在型块合型之前就下在其中。可用手工下芯，有的机器配有下芯机构，实现机械化下芯。

图3.36所示为平移式下芯机构的工作原理。下芯过程如下：①将砂芯放入下芯框中，塑料胎具中有一定的真空，将砂芯吸住；②将下芯框推到造好的型块前方；③将下芯框和造好的型块合型然后通入压缩气体将砂芯推入型腔；④下芯框后退；⑤下芯框移到原始位置。

图3.37所示为与平移式下芯机配套的造芯机工作原理。图中1与2是一对造芯芯盒。在工序Ⅰ中，射芯机将芯砂射入1、2中，随即通以气体使芯砂硬化（工序Ⅱ）。然后，芯盒1后退（工序Ⅲ），砂芯留在芯盒2中。如果造芯机与下芯机构同步动作的话，此时下芯框4从造型机上移来，芯盒2与芯盒3绕中心转轴旋转180°，两者换位（工序Ⅳ）。然后下芯框4前移，在芯盒2上。芯盒2将砂芯推向下芯框4中（工序Ⅴ）。接着下芯框4后退脱开，制好的砂芯已下在下芯框4中，下芯框4即可移入造型机向型块下芯（工序Ⅵ）。芯盒3与芯盒2完全一样，所以在下芯框4下芯时，它与芯盒1配合，射芯造芯。造芯下芯由此即联动，可实现完全自动化。

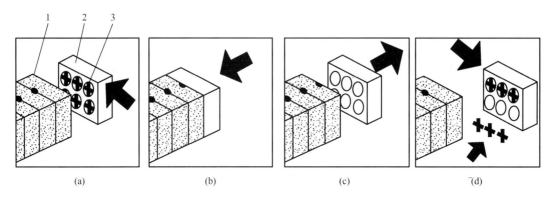

图 3.36　平移式下芯机构的工作原理

1—已造好的型块；2—下芯机；3—砂芯

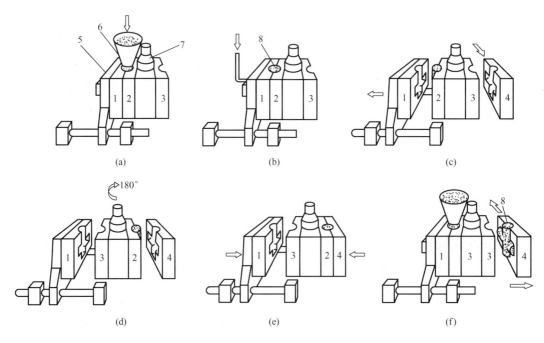

图 3.37　与平移式下芯机配套的造芯机工作原理

（a）工序Ⅰ—射砂；（b）工序Ⅱ—通气硬化；（c）工序Ⅲ—开盒；（d）工序Ⅳ—芯盒回转；
（e）工序Ⅴ—与下芯框对合；（f）工序Ⅵ—下芯框后退进入下芯位置

1、2、3—芯盒；4—下芯机构的下芯框；5—芯盒1的开合机构；6—射砂筒；7—中心转轴；8—砂芯

4. 垂直分型无箱射压用铸型输送机

　　垂直分型无箱射压造型机只需配以适当的铸型输送机，就可以组成造型生产线，基本上不需要其他辅机，十分简单。所用铸型输送机应有以下两个功能：①直线的步移运动；②与造型机同步推动型块串列。这类铸型输送机主要有：夹持式和栅板式两种。

　　夹持式铸型输送机的工作原理如图3.38所示。输送铸型时，用两根很长的导槽从两边夹紧整串铸型［图3.38(a)］，然后导槽夹着型块向前移动一个砂型厚度［图3.38(b)］，

接着导槽松开［图 3.38(c)］，后退至原先位置［图 3.38(d)］，完成一次工作循环。

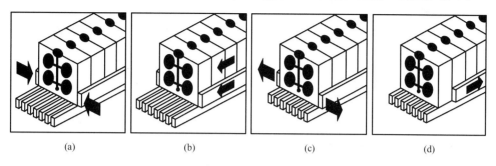

(a)　　　　　　(b)　　　　　　(c)　　　　　　(d)

图 3.38　夹持式铸型输送机工作原理

栅板式步移铸型输送机的工作原理如图 3.39 所示。它由两组栅板组成，型块就在栅板上输送前进。一组栅板只作升降运动，称作升降栅板。另一组栅板既能作升降运动，又能在纵向作往复运动，称作输送栅板。其输送运动有以下几个步骤：①输送栅板 A 前进，托着型块向前运动一个型块厚度的距离；②升降栅板 B 上升至与型块底面接触，即与型块底面同一水平；③输送栅板 A 下降，型块由栅板 B 托住；④输送栅板 A 后退回原处；⑤输送栅板 A 上升，与型块底面接触；⑥升降栅板 B 下降，型块由栅板 A 托住，造型机推出下一个型块与已在栅板上型块合型，并重复上述动作。

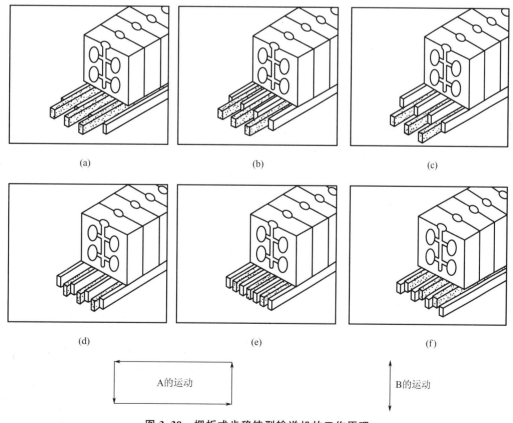

(a)　　　　　　　　(b)　　　　　　　　(c)

(d)　　　　　　　　(e)　　　　　　　　(f)

A的运动　　　　　　　　B的运动

图 3.39　栅板式步移铸型输送机的工作原理

为保证铸型输送机与压实板推型运动严格同步，应使它的向前推力只占整串型块向前移动所需推力的 90％ 左右，而其余 10％ 左右则由造型机的压实板承担。因此，当压实板不向前推时，单是输送机本身并不能使型块串列移动，只有两者同时向前推，型块才能移动。

3.6.3 水平分型脱箱射压造型机

水平分型脱箱射压造型是分型面呈水平的情况下，进行射砂充填、压实、起模、脱箱、合型和浇注的。水平分型脱箱射压造型机的类型很多，这里仅举一种。

图 3.40 是德国 BMD 公司的水平分型脱箱射压造型机的结构图。中间是装在移动小车上的双面模板，其上面是上砂箱及上射压系统，下面是下砂箱及下射压系统，中间是一个转盘机构。

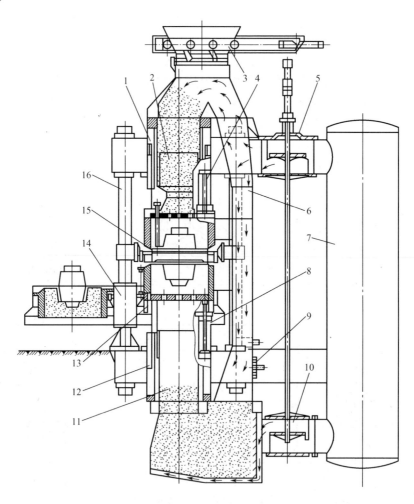

图 3.40　BMD 公司的水平分型脱箱射压造型机的结构图

1—上环形压实液压缸；2—上射砂筒；3—加料开闭机构；4—上脱箱液压缸；5—上射砂阀；
6—落砂管道；7—储气罐；8—下脱箱液压缸；9—料位器；10—下射砂阀；11—下射砂筒；
12—下环形压实缸；13—辅助框；14—转盘机构；15—模板小车；16—中立柱

上射砂筒 2 是一种卡腰形的射砂筒。上射压板固定在射砂筒上。上射砂筒 2 外有环形压实液压缸 1，可以带动上射砂筒 2 在固定的射筒内伸缩移动，使射压板作压实运动。它们外面还有两个脱箱液压缸 4，安装在上箱对角线上，控制上砂箱的脱箱及合型等运动。

下砂箱的射砂采用底射砂机构。下射砂筒 11 中的型砂都由加砂斗通过闸板经过落砂管道 6 供给。当砂位高度达到料位器 9 时，信号使供砂停止。下射砂筒 11 的底部有导气板，侧面有进气孔。射砂时，射砂阀 5 及 10 同时进气，上、下射砂筒同时射砂。但在开始时，下射砂阀 10 先打开一些，压缩空气通过下射砂筒 11 的底部和侧面进入，使型砂在下射砂筒 11 中悬浮起来，然后上、下射砂阀全部打开，将型砂射入砂箱。

下射砂筒 11 的外面也有环形压实缸 12，使下射压板作升降运动。同样也有两个下脱箱液压缸 8 控制下砂箱的运动。由于下砂箱要在转盘上转位，所以下脱箱液压缸不能直接与下砂箱连接。因而在下砂箱的下面有一个高度很小的辅助框 13。下砂箱与辅助框上都有钩形装置，既不妨碍下砂箱转位，又在脱箱时，辅助框可以钩住下砂箱下拉，实现脱箱。

水平分型脱箱射压造型机的工作过程如图 3.41 所示，模板进入工作位置后［图 3.41(a)］，上、下砂箱从两面合在模板上［图 3.41(b)］。这时上、下射砂机构进行射砂，将型砂填入砂箱［图 3.41(c)］。随即，射压板压入砂箱将砂型压实［图 3.41(d)］。接着上、下砂箱分开，从模板上起模［图 3.41(e)］。下砂箱留在转盘上，这时，转盘旋转 180°，下砂箱随转盘转出至外面的下芯工位。而前一个下箱在下芯工位下芯完毕同时转入，转至工作工位。与此同时，模板小车向旁移出［图 3.41(f)］。于是上、下箱合型［图 3.41(g)］。合型后，上射压板不动，上砂箱向上抽起脱箱［图 3.41(h)］，然后下射压板不动，下砂箱向下抽出脱箱［图 3.41(i)］。这时在下射压板上就是已造好的脱箱砂型。在下一工序中，将它推出至浇注平台或铸型输送机，与此同时，模板小车进入，开始下一工作循环。

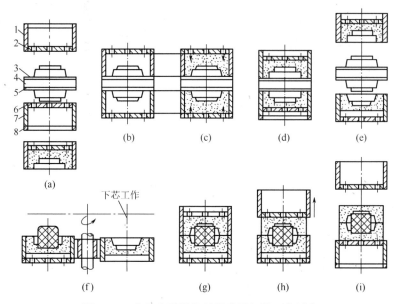

图 3.41 水平分型脱箱射压造型机的工作过程

(a) 准备；(b) 空腔合型；(c) 射砂；(d) 紧实；(e) 脱箱；(f) 下芯旋转；(g) 合型；

(h) 脱上型；(i) 脱下型

1—上砂箱；2—上射压板；3—上模板；4—模板框；5—下模板；6—下射压板；7—下砂箱；8—辅助框

思考题及习题

一、填空题

1. 在黏土砂自动化造型生产线上，最主要的设备是_____。

2. 气动微震机构可分为_____和_____两种。

3. 提阀特性曲线的改善方法有_____和_____。

4. 多触头压头大都用液压缸推动，可分为_____、_____和_____多触头压头。

5. 多触头高压造型机常用的加砂机构有_____、_____、_____、_____、_____等。

二、概念题

示功图　多触头　脱箱造型

三、简答题

1. 震击循环示功图的意义是什么？

2. 发生双重撞击的原因有哪些？如何排除？

3. 影响震击循环的因素有哪些？

4. 低压微震压实造型机有哪些优点？

5. 垂直分型无箱射压造型机特点是什么？

6. 水平分型脱箱造型机与垂直分型无箱射压造型机相比，有何特点？

7. 弹簧式微震压实造型机的工作台下沿与压实活塞上沿间要留有一定的间隙，为什么？间隙的大小应如何确定？

8. 垂直分型无箱射压造型机的射砂机构采用二次射砂的目的是什么？

四、思考题

1. 垂直分型无箱射压造型机的生产率很高，而且造型基本能自动化，但是为什么许多小型铸件的造型仍然希望采用水平分型的脱箱造型机？

2. 如果在现场发现弹簧式气动微震压实造型机不能进行压震，你将从哪几个方面去查清原因？

第 **4** 章
造型生产线主要辅助设备及其自动化

所谓造型生产线，就是根据生产铸件的工艺要求，将主机（造型机）和辅机（翻箱机、合型机、落砂机、压铁、捅箱机、分箱机等）按照一定的工艺流程，用运输设备（铸型输送机、辊道等）联系起来，并采用一定的控制方法所组成的机械化、自动化造型生产体系，并在该生产体系中，进行铸型浇注、冷却、落砂等工作，从而完成铸件生产过程。

因此，除造型机外，造型生产线上还有很多辅助设备，如为完成铸造工艺过程而设置的辅机有：刮砂装置、扎气孔机、翻箱机、合型机、落箱机、压铁机、浇注机、捅箱机、落砂机、分箱机、清扫机等，为完成砂箱运送而设置的辅机有：铸型输送机、提箱机、降箱机、转箱机、推箱机等。

4.1 铸型输送机

铸型输送机按安装形式可分为水平安装、倾斜安装、垂直安装和悬挂式安装等；按运动特征可分为连续式、脉动式、间歇式等；按生产线布置可分为封闭式和开放式两种。

选用铸型输送机主要应依据生产批量和组织生产的方式。一般在平行工作制、大量或成批生产的情况下，宜采用连续式或脉动式铸型输送机，串通布线时以采用连续式为佳，而并通布线时以采用脉动式相宜；在成批生产较大的铸型，以及多品种、中小件连续造型间歇浇注的情况下，则宜采用间歇式铸型输送机。

4.1.1 水平连续式铸型输送机

图 4.1 所示为常用的 SZ-60 型水平连续式铸型输送机，由小车、传动装置、张紧装置、轨道系统等组成。

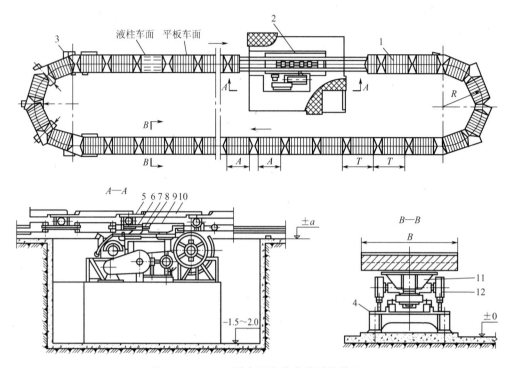

图 4.1 SZ - 60 型水平连续式铸型输送机

1—输送小车；2—传动装置；3—张紧装置；4—轨道系统；5—链轮；
6—驱动链；7—推块；8—导轮；9—牵引链；10—车面；11—车体；12—走动轮

1. 小车

输送小车由车面、车体、走动轮、牵引链、导轮等组成，如图 4.1 所示。车面 10 通过销轴铰接于车体 11。小车有平板车面和辊柱车面两种型式，前者常用，后者仅在要把砂型由辊柱台推上输送机的特殊情况下才采用。

车面尺寸是输送机的主要参数，根据砂箱尺寸大小进行选择。用手工或吊车搬运砂箱时，车面尺寸 A 与 B 应比砂箱外框大 $100\sim150\text{mm}$；采用落箱机等专用设备时，车面长度 A 略大于砂箱的外框长度，而车面宽 B 可与砂箱外框的宽度相同。

2. 传动装置

输送机的传动装置如图 4.1 所示。工作时，经过减速的链轮带着链条及其上的推块，推动小车下链板上的导轮 8，使输送机运动。

由于输送机的运行速度要在一定的范围内可调，因此传动装置常配有无级变速器，动力常采用双速电动机。为避免转弯处导轨过分磨损，传动装置应设置在小车转弯段前 $5\sim6$ 节小车处的直线段上。

3. 张紧装置及轨道系统

张紧装置如图 4.2 所示，它装设在小车牵引链张力较小的一端。在安装小车时借助张紧螺杆 3 推移轨枕 1，带着其上的走轮轨道和导轮轨道随之移动，使牵引链产生一定初张力，以保证输送机小车运行平稳。在张紧段轨道与固定轨道之间，嵌入楔形调节块4，调整它即可保持上述两段轨道紧密平滑地相互衔接。

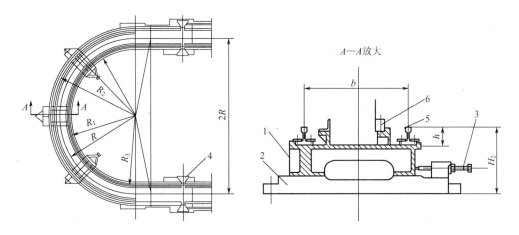

图4.2 张紧装置
1—轨枕；2—滑槽底座；3—张紧螺杆；4—调整块；5—走轮轨道；6—导轮轨道

轨道系统主要由走轮轨道、导轮轨道和轨枕组成。走轮轨道起承重作用，导轮轨道通过导轮控制小车的运动轨迹。在直线段，走轮轨道中心线与导轮轨道中心线相重合。而当小车在圆弧段行走时，车体中心沿着径向偏离一个距离，这就会引起走轮脱轨，因此，在铺设圆弧段的走轮轨道时，必须以导轮轨道的中心线为基准进行修正。

4. 输送机运行速度、展开长度和小车总数

输送机的运行速度按照式(4-1)确定。

$$v = \frac{nT}{60Z\eta} \qquad (4-1)$$

式中，v 为输送机的计算速度（m/min）；n 为每小时装上输送机的砂型数；T 为小车节距（m）；Z 为每个小车上存放的砂型数；η 为装载系数，对于机械化生产线取 $\eta = 0.8 \sim 0.85$。

铸型输送机展开长度一般由造型下芯段长度 L_Z、浇注段长度 L_J、冷却段长度 L_L 和落砂段长度 L_S 决定，展开后的总长为

$$L = L_Z + L_J + L_L + L_S$$

由此确定的小车总数 m

$$m = L/T$$

其中，造型下芯段 L_Z 主要取决于造型机的类型、数量、布置形式及下芯方式和所需时间，一般为 $30 \sim 42$m；浇注段长度 L_J 取决于浇注机的结构尺寸和台数；冷却段长度 L_L 由铸件在砂型内冷却所需的最短时间与铸型输送机运行速度的乘积来计算；落砂段长度 L_S 根据所选用的落砂机组的结构、作业环境要求、隔震和隔离噪声的程度适当确定。

最后，确定输送机展开后的总长尚需根据轨道的布置及牵引链的最大许用张力进行校核。

4.1.2 脉动式铸型输送机

脉动式铸型输送机按传动分为液压式和机械式两类，液压式较为常用。图 4.3 所示为一种液压传动的脉动式铸型输送机，它的导轮之间不用牵引链联系，而是直接装在车体上，并能对称于车体中心回转。车体中心下侧设有圆销孔，供传动及定位用。

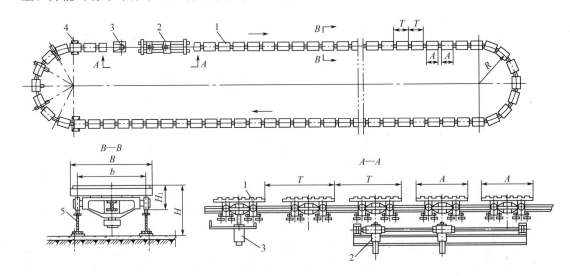

图 4.3 脉动式铸型输送机结构

1—小车；2—传动装置；3—定位装置；4—张紧装置；5—轨道系统

工作时，传动装置的插销缸首先动作，把插销插入车体的圆销孔内，驱动缸随即带动车体前进一个节距，在定位装置的插销插入定位销孔后，拔出驱动装置的插销，驱动缸退回原始位置，如此有节奏地往复循环，小车即脉动地前进。

在脉动式输送机的传动装置后面，以及需要准确定位的地方（如合箱机、落箱机等附近）都应设置定位装置，一是在传动装置动作完毕后，保持输送机的位置固定不动；二是分摊各节小车的连接部分的积累误差，使小车能停在各工序要求的指定位置上。

脉动式铸型输送的缺点是成本高、维修工作量大、因起动次数频繁动力消耗大；优点是小车每次移动的距离不变，能在静态下实现下芯、合箱、浇注等工序。

4.1.3 间歇式铸型输送机

图 4.4 所示为一种机械传动的间歇式铸型输送机，其传动装置结构与 SZ - 60 型连续式输送机类似，只是把推块的节距增大，前一个推块与导轮脱离接触，过一定时间后第二个推块才与导轮接触推动小车前进，造成小车的间歇运动。小车之间的联系采用固定的挂钩。

间歇式铸型输送机的线路一般都设计成非封闭的，各条线路都有单独的传动装置，线路之间采用转运机构以实现循环运输。当它的某一条线路（图 4.4 中为最下面一条）开始运行时，转运小车必须停在此线路的两端。在运行方向前端的转运车为空载，而后端为满载。开动传动装置 3 后，该线路上的所有小车都前进一个节距后停止。此时，前端的转运车承接一个小车成为满载，而后端的转运车放出一个小车后成为空载。之后，转运小车都

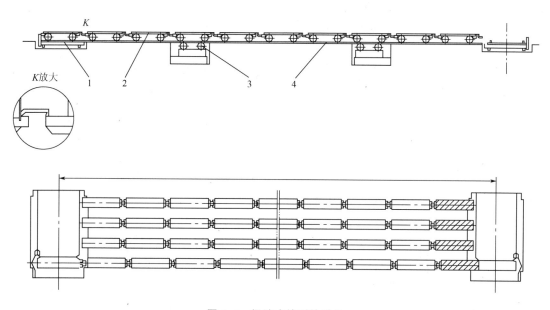

图 4.4 间歇式铸型输送机
1—转运小车；2—小车；3—传动装置；4—轨道

作横向运动至另一条线路两端，从而完成线路间的循环运输。

间歇式铸型输送机的优点是结构简单，布线紧凑，能在静止状态下实现落箱、下芯、合箱、浇注等工序，工作节奏可以灵活安排或随时任意改变；缺点是消耗动力大，组成自动线时所需控制系统复杂，而且由于工作时间不连续，造成生产率不高。间歇式铸型输送机多用于输送成批生产的大尺寸铸件和多品种、中小件连续造型间歇浇注的场合。

4.1.4 辊式输送机

辊式输送机（无传动装置时称为辊道）在铸造车间的各工部用得较多。例如，熔化工部用来输送料桶；清理工部用来输送铸件；造型和制芯工部则与其他铸型输送机配合组成造型生产线。

长辊一般由钢管与滚珠轴承等制成，如图 4.5(a) 所示；在输送带箱翼的砂箱及压铁时则用边辊道，如图 4.5(b) 所示；物件在辊道上运动，可用手推、气缸或油缸推动，也可使辊道与水平成 $1°30'\sim2°30'$ 的倾斜角，利用物件的自重运动。有的造型生产线上，下芯段及在捅箱机输出空砂箱段等处，也有用链传动的辊式输送机的，如图 4.5(c) 和图 4.5(d) 所示。

4.1.5 悬挂式输送机

1. 普通悬挂输送机

在架空轨道上，把许多承载吊具的行走滑车用链板连在一起，可以组成悬挂输送机，如图 4.6 所示。它配有传动装置 2，使悬挂在输送机上的物件（载荷）6 能沿着架空轨道 4 连续地运行。在制芯工部，常用这种悬挂输送机来输送砂芯。它们有的穿过卧式烘干炉，作为炉子结构的一部分。而有的则带着砂芯一直送到造型工部的合型地点。悬挂式输送机

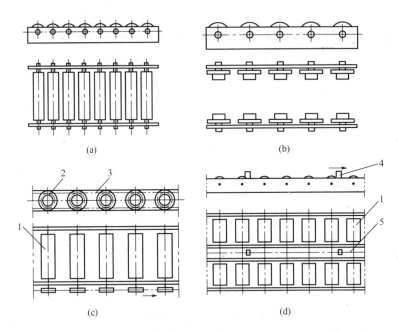

图 4.5　辊式输送机的集中形式

（a）长辊；（b）边辊道；（c）辊式输送机；（d）传动链带推块的辊式输送机

1—辊子；2—链轮；3—传动链；4—推块；5—带推块的传动链

不占造型工部的地面，而且可以上下曲折，便于布置。但是普通悬挂输送机的承载吊具的滑架和传动链是连在一起的，被吊运的物料只能沿着与输送机一样的封闭轨道运行。

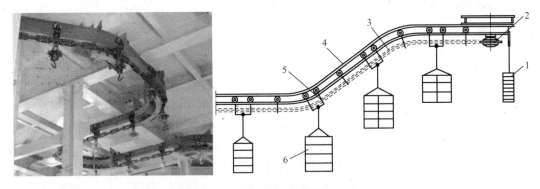

图 4.6　悬挂输送机

1—承重式张紧装置；2—传动装置；3—牵引链；4—架空轨道；5—承载吊具的滑道；6—载荷

2. 推式悬挂输送机

为了克服普通悬挂输送机的缺点，实现被输送物料的分类、储存和运输自动化，可采用推式悬挂输送机，如图 4.7 所示，它主要由起牵引作用的悬挂输送机 4 和承载吊具的载货小车 3 两部分组成，悬挂输送机沿上层的牵引轨道 1 运行，而载货小车沿下层的承载轨道 5 运行，承载吊具的小车不与牵引链连在一起，而且本身没有传动装置，它只是在悬挂输送机推进滑架 2 的拨爪推动下，才能沿承载轨道运行。

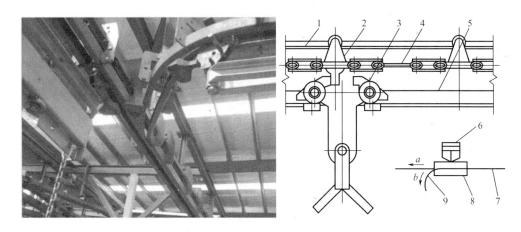

图 4.7 推式悬挂输送机

1—牵引轨道；2—推进滑架；3—承载吊具的小车；4—悬挂输送机；
5—承载轨道；6—岔道推缸；7—主线；8—岔道；9—支线

利用小车能脱离一条承载轨道进入另一条的特点，可灵活安排小车的运行线路。在岔道处于图 4.7 所示位置时，小车沿箭头 b 在支线上运行；当小车不再需要进入支线时，岔道推缸 6 推进，承载轨道的支线 9 与主线 7 之间被切断，此后小车即沿箭头 a 所示方向运行。

4.1.6 其他铸型输送机

除上述几种铸型输送机外，用于造型生产线的输送设备还有鳞板输送机、链板输送机等。

鳞板输送机的结构如图 4.8 所示，它由许多钢板做的鳞板组成循环的鳞板带，这些鳞板的两端固定在两条传动链 5 上，鳞板之间互相搭接，其铰接轴两端装有行走轮，可以沿轨道 4 或 14 行走。电动机 13 通过减速器 11 驱动主动链轮 7，带动传动链及整条鳞板带运转。

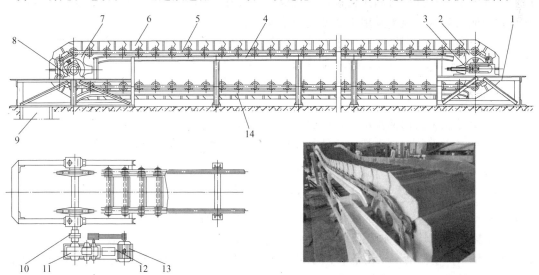

图 4.8 鳞板输送机

1—支架；2—从动链轮；3—张紧装置；4—上层轨道；5—传动链；6—鳞板；7—主动链轮；
8—轴承；9—出料口；10—联轴器；11—减速器；12—底座；13—电动机；14—下层轨道

鳞板输送机结构笨重，造价较高，但因能经受物料的冲击，不怕高温，所以常用于输送落砂后的红热铸件，以及在冲天炉配料中用于输送铁料。

链板输送机的结构原理与鳞板输送机相同，只是用一块块相互衔接的平板代替了鳞板。它可以用来输送很长的铸型，也可用作与水平连续式铸型输送机同步移动的浇注台。

4.2　自动落砂设备

4.2.1　落砂设备的分类

目前在铸造生产中使用较为广泛的落砂设备大致可按图 4.9 所示分类。

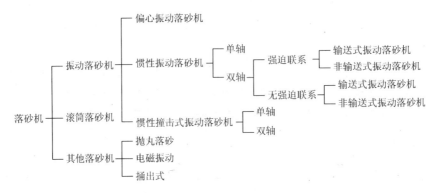

图 4.9　落砂设备分类

早期的落砂设备多采用偏心或惯性振动落砂机，20 世纪 70 年代开始大量采用双轴强迫联系的大型振动落砂机和无强迫联系的双轴惯性振动输送机。20 世纪 90 年代，带有冷却清理功能的落砂滚筒大量用于造型线的落砂中。

为了使铸件和砂型从砂箱中脱离出来，并避免砂箱在振动台上损坏，自动生产线上的落砂设备大多配有捅箱机。捅箱机虽然不能算做落砂设备，但是落砂过程的一种重要辅助装置。

4.2.2　振动落砂机

振动落砂法是由周期振动的落砂栅床将铸型抛起，然后铸型自由下落与栅床相碰撞。如此不断撞击，而使砂型破坏，铸件及型砂从砂箱中脱出，达到落砂的目的。

1. 偏心振动落砂机

图 4.10 所示为偏心振动落砂机结构简图。它靠一根转动的偏心轴 3 带动整个落砂机框架和栅格运动。偏心轴通过一对支架轴承 4 支承在底座的支承架 10 上，而轴的偏心部分通过一对框架轴承 5 与框架 8 及栅格 6 连在一起。当电动机 1 通过 V 带 2 带动偏心轴旋转时，使落砂机框架产生振动。放在栅格上的铸型不断地被抛起，然后又靠自重下落与栅格发生撞击，从而使铸型破碎，型砂经栅格孔落下运走，砂箱及铸件分别用运输设备送出。

偏心振动式落砂机的特点：①落砂机的振幅等于偏心距；②振幅不受落砂载荷的影响；③撞击力全部由轴承承受并传给基础，轴承的寿命低，对基础的要求高。偏心振动式

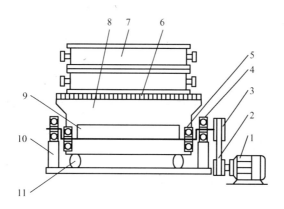

图 4.10 偏心振动落砂机结构简图

1—电动机；2—V带；3—偏心轴；4—支架轴承；5—框架轴承；6—栅格；7—铸型；
8—框架；9—平衡重；10—支承架；11—减振支承橡胶弹簧

落砂机适用于总重 40kN 以下的中小铸型的落砂。若落砂的铸型过重（如超过 40kN），应采用惯性振动落砂机。

2. 单轴惯性振动落砂机

（1）惯性振动落砂机结构简图如图 4.11 所示，落砂栅床 2 被弹簧 4 支承于机座 5 上，落砂栅床上装有带偏重的主轴 3，当主轴旋转时，偏重产生的离心力（激振力）使落砂栅床振动，并与砂箱发生撞击而进行落砂。

由于整个落砂栅床支承在弹簧上，落砂时一部分撞击力被弹簧吸收，主轴及轴承所受的冲击力减小。此外，机器基础所受的振动减小，对基础的要求可降低。当载荷越大时，这一特点越突出，尤其是大型落砂机，一般均为惯性振动式。然而，由于惯性振动落砂机的振动是自由振动与强迫振动的叠加运动，载荷过大或过小，落砂效果都显著降低。因此，若几种铸型重量相差较大，就不宜在同一台惯性振动落砂机上落砂，可选用惯性撞击式落砂机。

（2）惯性撞击式落砂机结构简图如图 4.12 所示，铸型放在固定支架上，下面安置惯性落砂机，靠落砂栅床的撞击而进行落砂。由于载荷不是始终加在落砂机上，振幅变化的影响相对地减小，机器对载荷变化的适应性增强，额定载荷可以提高。

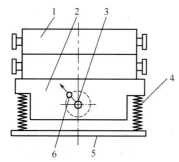

图 4.11 惯性振动落砂机结构简图
1—铸型；2—落砂栅床；3—主轴；
4—弹簧；5—机座；6—偏重

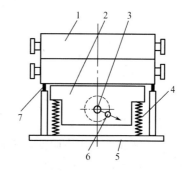

图 4.12 惯性撞击式落砂机结构简图
1—铸型；2—落砂栅床；3—主轴；4—弹簧；
5—机座；6—偏重；7—固定支架

惯性撞击式落砂机的特点：①能保证足够大的振幅；②允许的载荷变化范围大；③比一般惯性式消耗功率较少；④振动剧烈，噪声大，对地基影响大。

3. 双轴惯性振动落砂机

双轴惯性振动落砂机是利用激振器的双偏重在相向旋转时，由于水平惯性力相互抵消，只有垂直惯性力的作用，使支承在弹簧上的落砂栅床只有上下振动。如果将激振器倾斜于栅床安装，那么激振力便分解成垂直和水平两个分力，这就形成了输送式落砂机。

双轴惯性激振器的结构形式基本上有两类：一类是强迫联系的，另一类是无强迫联系的。强迫联系的又分为两种，一种是整体式，如图 4.13 所示，带有偏重块的主动轴与从动轴，用齿轮相联系，而且都直接安装在落砂机的栅床上。这种形式与落砂机主体不可分割，安装调整及维修均不方便。另一种是分离式，如图 4.14 所示，双轴惯性激振器自成一个部件，便于维修撤换。

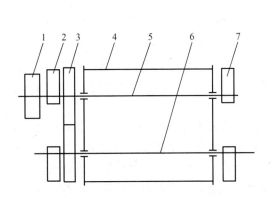

图 4.13　双轴惯性振动落砂机偏重结构图

1—V 带轮；2、7—偏重块；3—齿轮；
4—落砂框架；5—主动轴；6—从动轴

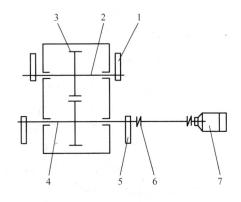

图 4.14　箱式双轴激振器简图

1、5 偏重；2—从动轴；3—人字齿轮；
4—主动轴；6—弹性联轴器；7—电动机

激振力的大小是通过调整偏重块的数量或偏心距的大小来实现的。

无强迫联系的双轴激振器是由两个电动机分别驱动两根偏重轴，由于取消了齿轮传动，噪声较低，维护简单，不过多了一台电动机，占地面积较大。

4. 双质体共振落砂机

如图 4.15 所示，当下质体的偏重旋转产生惯性力时，带动下质体进行振动，此振动通过共振簧将振动传给上质体，使上质体也发生振动，这样在上质体上的铸型也将不断被抛起与落下，并撞击上质体而使铸型破坏，达到落砂效果。这种落砂机的激振频率较高，激振器产生振动的通过共振簧传给上质体，使上质体的振幅得到共振放大，从而达到节能效果，能耗仅为同吨位惯性落砂机的 1/5 左右。此外，对基础的减振效果好。它主要用于铸造车间手工造型和机械化造型浇注后中大型砂型的落砂。

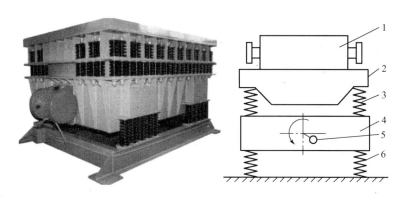

图 4.15 双质体共振落砂机

1—砂箱；2—上质体；3—共振簧；4—下肢体；5—偏重；6—减振簧

4.2.3 滚筒落砂机

滚筒落砂机的落砂原理是在落砂过程中靠滚筒内的螺旋叶片（或导向角钢）将铸件和热砂一起带到一定高度后靠自重落下，使铸件与砂型分离，从而实现落砂。

垂直分型无箱射压造型机生产线上常采用滚筒落砂机进行铸型的落砂工作，有箱铸型先由捅箱机捅出后，也可再经滚筒落砂机进行落砂。图 4.16 所示为冷却滚筒落砂机工作原理。

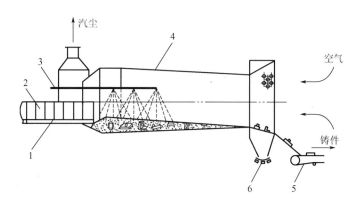

图 4.16 冷却落砂滚筒工作原理

1—垂直分型无箱铸型输送机；2—铸型；3—冷却水管；4—滚筒落砂机；
5—铸件输送机；6—胶带输送机

欲落砂的铸型由铸型输送机 1 逐个送入滚筒落砂机 4 的入口，并喷适量的水，目的是增湿冷却，铸型在滚筒中一面滚动，一面进行破碎，型砂进行混合，用风机将空气由滚筒落砂机的出口处吸入，经过滚筒由滚筒入口的除尘罩排出，这样达到降温冷却及除尘效果，因此，在出口处的旧砂以及铸件均得到冷却。铸件落入铸件输送机 5 中送往清理工部，旧砂经滚筒出口的筛孔漏入胶带输送机 6 上送出。

由于滚筒落砂可以做到完全密封，所以粉尘及噪声容易控制，劳动条件好。冷却滚筒落砂机可同时完成落砂、铸件冷却、型砂破碎及冷却等工艺过程，目前应用越来越广。缺点是薄壁铸件在滚筒落砂过程中容易撞坏。

4.3　自动浇注设备

为了实现自动化浇注，需要满足如下基本要求：①同步静态浇注时，仅要求浇包口与铸型浇口杯定位；而动态浇注时，不仅要求浇包口与铸型浇口杯对位，还要求浇包口与铸型同步运动。②需按铸件的大小定量控制，以满足定量浇注的要求。常用的定量方法有重量定量、时间定量、容积定量和光电探测等。③按照铸造工艺的要求，控制浇注流量及浇注速度，满足恒流浇注或变流浇注的需要。④根据浇包的结构形式，控制有利于开浇或停浇的时间及浇包位置。⑤浇包内，应有加热和保温装置，以保证金属液的浇注温度不至下降。

常用的自动浇注机主要有倾转式浇注机、底注式浇注机、气压式浇注机和电磁泵式浇注机等。

4.3.1　倾转式自动浇注机

倾转式浇注机是目前使用最广泛的浇注装备。其特点是结构简单，容易操作，适应性强，能满足不同用户的需求。图4.17为普通浇包倾转式浇注机的结构简图。浇包12由行车吊运置于倾转架11上，浇注机沿平行于造型线的轨道移动，当其对准铸型浇口位置后，电动机5的离合器脱开；同时薄膜汽缸2将同步挡块1推出，使之与铸型生产线同步。倾转油缸10推动倾转架11，带动浇包以包嘴轴线为轴心转动进行浇注。浇注完毕，同步挡块1缩回，离合器合上，电动机反转，浇注机退到下一铸型再进行浇注。液压缸8使浇包作横向移动并与纵移动配合，满足浇包对位要求。

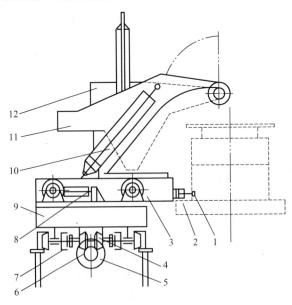

图4.17　倾转式自动浇注机的结构简图

1—同步挡块；2、4—薄膜汽缸；3—横向移动车架；5—电动机；6—减速器；7—摩擦轮；
8—横向移动液压缸；9—纵向移动液压缸；10—倾转油缸；11—倾转架；12—浇包

图 4.18 为国外开发的全自动倾转式浇注机的检测及控制原理图。该浇注机采用多传感器检测浇注时的温度、流量、浇口杯液面等以适时控制浇注机，实现浇注过程的全自动化。

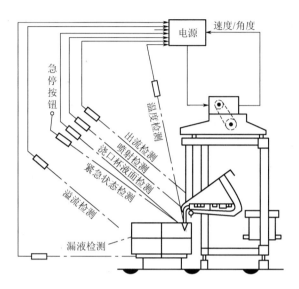

图 4.18　全自动倾转式浇注机的检测及控制原理图

4.3.2　底注式自动浇注机

底注式浇注机所用的底注包大都是塞杆式的，如图 4.19 所示。由于铁液从包底浇出，避免了熔渣落入砂型浇口，有利于保证铸件质量。另外，浇注时浇包直接位于砂型上方，铁液流容易对准砂型浇口，塞杆启闭比较灵活。塞杆式浇包的关键是塞杆和浇注口的材质，要求用高耐火度的材料制造。

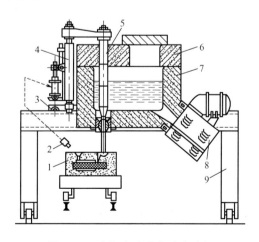

图 4.19　塞杆底注式自动浇注机

1—砂型；2—光电管；3—横向移动小车；4—控制塞杆的液压缸；5—塞杆；6—浇包盖；
7—浇包体；8—工频炉；9—浇注机架

塞杆底注式浇注机主要用于定点自动浇注，如用在无箱射压造型线和其他浇注时铸型基本不动的生产线上。其缺点是铁液浇注速度通过控制塞杆的开启度进行控制，控制比较困难；浇注时对砂型产生较大的冲击力。

4.3.3 气压式自动浇注机

气压式自动浇注机的工作原理如图 4.20 所示。在密封浇包的金属液面上施加一压力，金属液在压力的作用下沿浇注槽上升，金属液到达浇注口后便自然下落，浇到铸型。浇注完毕，金属液面上的气体卸压，金属液回落。为保证浇注平稳，浇注前金属液面上应施加一个预压力，使金属液到达浇注槽的预定位置，并且每浇注一次，浇包内的金属液面下降，该预压力应随着液面的下降而自动补偿。

采用荷重传感器与预压力联合控制，可大大提高浇注定量的精度和浇注过程的稳定性。如图 4.21 所示，带荷重传感器的气压式自动浇注机的工作原理如下：首先称量浇注前的整个浇包的质量，然后加压浇注。浇注过程中浇包质量逐渐减少，当减少量逐渐逼近于设定的铸件质量时，就根据对应的气压-流速关系图，降低浇包内气压，减小浇注量，最后直至停止加压并保持包内有一定的初始压力。

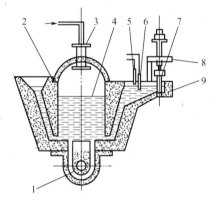

图 4.20　气压式自动浇注机的工作原理

1—感应加热炉；2—浇入槽；3—压缩空气进口；
4—包室；5—防溢电极；6—液位控制电极；
7—塞杆；8—塞杆开闭控制器；9—浇出槽

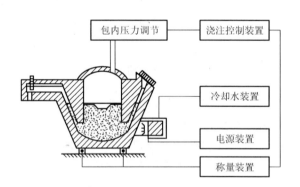

图 4.21　带荷重传感器的气压式
自动浇注机的工作原理

近年来，利用图像传感器（如摄像头）摄取铸型浇口杯或冒口中的金属液面状态，以控制浇注过程的气压式自动浇注机获得了成功应用。它是将摄取的浇口杯中的液面图像数据传输到计算机中，与计算机中预存的浇口杯充填状态图进行比较处理，并以此得到相应的控制信号，然后驱动电动机动作，带动塞杆升降得到不同的开启度。若浇口杯中完全充满液体，而且液面不再变化，即认为浇注完毕，塞杆下降关闭浇嘴。

4.3.4 电磁泵式自动浇注机

图 4.22 是电磁泵式自动浇注机原理图。金属熔液储在炉膛 3 内，由电阻加热棒保温。浇出槽下面装有中空导线 4，并通水冷却。如导线 4 中通以交变电流，产生直线移动的磁

场，这磁场就会在金属熔液中引起感应电流，产生推动力，使金属熔液向上运动，从出口流出。调节感应电流的大小，可以调节金属熔液流动的速度；改变电流的方向，可以改变金属熔液流动的方向。

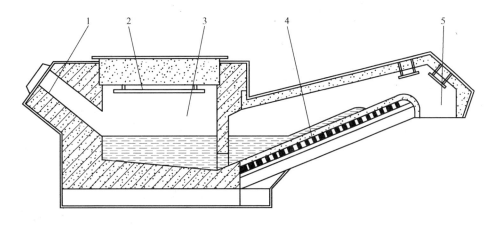

图 4.22　电磁泵式自动浇注机原理

1—加料口；2—电阻加热棒；3—炉膛；4—导线；5—浇出口

电磁泵式自动浇注机主要用于铝、铜等非铁合金。其特点是容易调节浇注速度和浇注量，设备也没有机械运动部分。此外，电磁力对熔渣不起作用，所以浇注时只有金属熔液向浇出口运动，因而能保证浇入砂型的金属熔液纯净。它的缺点是电功率因数很低。

4.4　其他主要辅助设备

4.4.1　翻箱机

翻箱机的作用主要是将造好的下型翻转 180°，有的上型也翻转，目的是为检查砂型有无边损、修型及翻落砂，之后再翻回原状。对翻箱机的要求是，在翻转时砂箱要有可靠的定位夹紧或限位装置，在翻转过程中起动和到位时要求平稳而无冲击，以保证不损坏铸型。

图 4.23 所示是回转式翻箱机的结构简图。

该翻箱机借助支承盖 16 和支承套 14、15 安装在两个立柱 6 中。它由定位气缸 1、驱动机构 4、转盘 7 等组成。两块转盘上装有双排边辊道 9，并借用拉杆 8 连成转框。砂箱进入翻箱机双排边辊道后，两侧的定位气缸带动定位轴 3 伸出，插入砂箱相应的定位孔中，使砂箱定位夹紧，再由驱动机构 4 驱动主动转轴 5 带动转盘 7 使砂箱翻转 180°，并借助装在转盘上的限位块 12 与装在立柱上的限位挡块 13 相碰而定位。在限位挡块中装有带弹簧的缓冲杆，可使到位时进一步得到缓冲。砂箱翻转后，定位轴由定位气缸带动缩回松开砂箱，最后把已翻转的砂箱送出。驱动机构采用气动油缓冲。油缓冲中的油液阻尼作用大小可由节流阀调节。为了防止由于油液漏损影响阻尼效果，可定期进行加油或设置高位油箱。

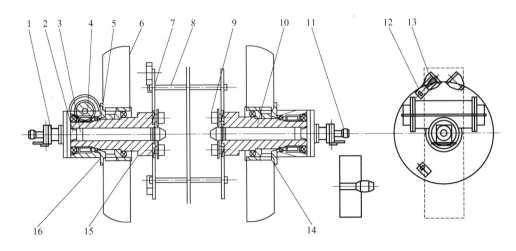

图 4.23　回转式翻箱机结构简图

1—定位缸；2—活塞杆；3—定位轴；4—驱动机构；5—主动转轴；6—立柱；7—转盘；8—拉杆；
9—边辊道；10—被动转轴；11—撞块；12—限位块；13—限位挡块；14、15—支承套；16—支承盖

这种翻箱机的特点是采用了较经济的压缩空气作动力和良好的油液缓冲，使控制系统较简单，动作较平稳。同时采用气缸中心定位夹紧，且对中翻转，转动惯量小，工作可靠。

4.4.2　刮砂机、铣浇口机、扎气孔机

一般造型机都采用模板上带浇冒口棒和气孔针的办法来形成铸型的浇冒口和通气孔，但高压造型机及气冲造型机等所造出的铸型强度很高，采用上述方法效果不佳。另外，在单机交替制作多品种砂型时，浇口与气孔的位置需要改变，这些情况下配置刮砂机、铣浇口机和扎气孔机就十分必要。

对于中、低压造型机，常在出箱侧附设犁形刮砂器，当造好的砂型通过其下方时即将砂刮平。而对高压造型机，则需装设旋转刮砂机，它是一个电动机带动的镶有数个叶片刀的转子，转子的转动方向与砂型移动方向一致，铸型通过其下时即被叶片刀将砂面削平。

铣浇口机是用高速旋转的成形刀刃切削硬度较高的砂型，做出浇口杯的形状。根据它布置在造型线的位置，如在上箱翻转前用上铣式，翻转后则用下铣式。

加工通气孔可用扎气孔机的气孔针扎出，但在气孔细而深时效果不佳，此时若改用气动钻代替气孔针即可满足工艺的要求。

对于单一产品，铣浇口刀和气动钻的位置可以是固定的，而对于多品种生产则应是可调的。图 4.24 就是一种在砂型上平面范围内可任意调整的，加工直浇口、明冒口或通气孔的装置示意图。

落箱机主要用于把已翻转的下型或已合完箱的砂型平稳地放置到铸型输送机上。它的动作不多，结构比较简单。按其落箱升降缸的装设位置、边辊道的结构和开合方式等可以组合成多种形式。

图 4.25 是上抓式落箱机示意图，当砂箱进入机械手 5 上的边辊时，升降缸 3 带动滑动梁沿立柱 6 下降，使砂箱放在铸型输送机小车上。落箱后，机械手缸 4 将机械手张开，接着升降缸上升，然后机械手缸使机械手合拢复位。

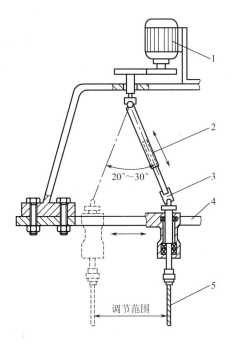

图 4.24　可调式加工直浇口和通气孔的装置

1—电动机；2—滑动花键；3—万向接头；
4—滑动轨道支架；5—钻头

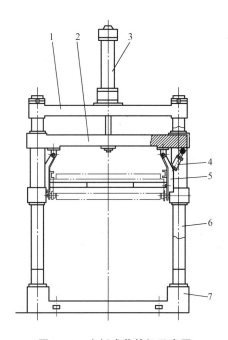

图 4.25　上抓式落箱机示意图

1—上横梁；2—滑动梁；3—升降缸；4—机械手缸；
5—机械手；6—立柱；7—底座

4.4.3　下芯设备

　　大多数造型生产线的下芯工作仍用手工进行，这不仅劳动强度大，而且有碍于充分发挥造型线的生产率。但由于型芯的尺寸、形状、数量及下芯方式等各不相同，下芯工序的机械化和自动化确属难解决的问题。

　　图 4.26 所示为一种机械式下芯机构，它与造芯机一起，安装在造型线中，成为生产线的一部分。黏土砂芯在射芯机中射好后，与下芯盒一起由右边辊道送出，由芯盒换向机换向送入合芯机中；与从下箱射压造型机送来已造好的、但并没有翻转的下型相合，合好后再由辊道送至自动下芯翻转机中进行翻转，翻后下型在下，芯盒在上，且黏土砂芯已落在下型中，再送至开芯盒机中，将芯盒升起与下型分开，芯盒送至空芯盒翻转机中翻转后送至射芯机处以备使用，而下型则由辊道送至合型机处等待合型。

　　图 4.27 所示为一种电磁式下芯机。运芯小车 12 把造好的砂芯 11 送入下芯机，接芯缸 8 下降使电磁吸盘 5 与砂芯头部的芯骨平面接触。芯骨为焊接件，接触面是事先经过加工的。给电吸住砂芯后，接芯缸 8 上升，小车退出。下芯缸 7 带着吸盘和砂芯下降，使砂芯进入型腔后断电去磁，吸盘上升复位，砂芯就被下在型腔里。

　　吸盘框架 6 下装有可调的触箱定位杆 3，用来保证升降缸下降到最低点时，芯头距芯座的间隙在 3～4mm。吸盘框架还装有两只定位导销 4，在下芯时插入下箱销孔，保证下芯位置准确。

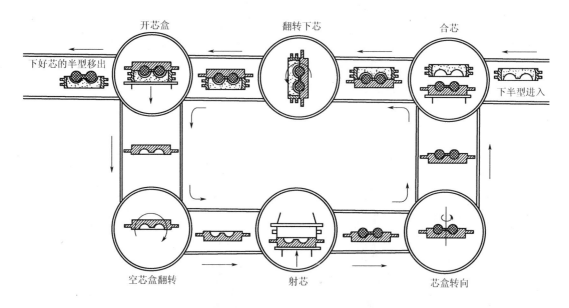

图 4.26 自动下芯工艺流程示意图

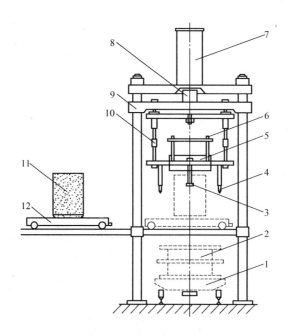

图 4.27 电磁式下芯机

1—铸型输送机；2—砂型；3—触箱定位杆；4—定位导销；5—电磁吸盘；6—吸盘框架；
7—下芯缸；8—接芯缸；9—滑动架；10—浮动机构；11—砂芯；12—运芯小车

4.4.4 合箱机

造型线上的各辅机中，合箱机相当重要。合箱质量的优劣，直接关系到砂型乃至铸件的质量。设计合箱机应满足下列工艺要求：①在合箱过程中，上、下砂型要对得准确；②动作平稳无冲击；③动作迅速灵活，能与主机及其他辅机协调，充分发挥全线生产率。

合箱机有动态合箱机和静态合箱机两类。

静态合箱机在合箱过程中，上、下砂箱在水平方向没有运动。静态合箱可在辊道上进行，也可直接在脉动式铸型输送机上进行；可使合箱、落箱两个工序由同一台机器来完成，通常称为合箱落箱机。这种合箱方式动作准确，容易保证质量，机器结构也较简单，目前较普遍地被采用。

动态合箱是指上、下砂箱在水平方向运动过程中进行合箱。为了保证合箱准确，合箱时，上下砂箱在水平方向的运动必须同步。动态合箱由于是在运动过程中上、下两箱需准确而平稳地合在一起，这就导致合箱机结构复杂，并且较难保证动作平稳、准确，易出故障。

图 4.28 是上抓式静态合箱机示意图，它有两只可以开合的上箱边辊道 13，在滑动梁 4 的两侧上方固定了两只合箱销缸 15，它们中心距正好等于砂箱销孔的中心距。立柱 12 下部装有下箱边辊道 10，它们浮动地支承在四颗钢球 9 上，在合箱时，辊道连同下箱可以在水平方向几毫米的范围内浮动，这样能提高精度和减小合箱销的磨损。

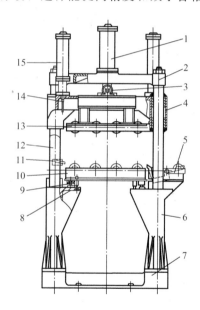

图 4.28　上抓式静态合箱机示意图

1—合箱缸；2—上横梁；3—边辊道开合缸；4—滑动梁；5—限位器；6—支架；
7—底座；8—销轴；9—钢球；10—下箱边辊道；11—止回爪；12—立柱；
13—上箱边辊道；14—合箱销；15—合箱销缸

上箱进入合箱机械手后，合箱销缸 15 的合箱销 14 立即插入上箱销孔。此时下箱早已进入合箱位置，合箱缸 1 推动滑动梁 4 下降，合箱销缸的合箱销叉插入下箱销孔，实现合箱。直至上箱边辊脱离上箱箱翼之后，合箱销缸随即将合箱销退出销孔，机械手张开上升复位，同时推杆推入另一个下箱，并将合完箱的铸型推出。

4.4.5　压铁机

已合箱的铸型在浇注前，为了克服浇注时液态金属的抬箱力，需要加放压铁；浇注后铸型经一定时间冷却，须将压铁取走以备循环使用。压铁机就是造型生产线上用于加压铁、取压铁和运输压铁的设备。

由于造型生产线的机械化程度和砂型尺寸大小不同，所采用的压铁机有所不同。

1. 吊链式加卸压铁装置

图 4.29 所示为一种利用悬挂输送机加卸压铁的装置，常用于小件的有箱或脱箱的机械化造型线上。悬挂输送机与铸型输送机同步运行，自动地把压铁升起及加到砂型上。这种装置简单易行，但在压铁逐渐脱离铸型而上升的过程中，压铁的悬挂点滞后于铸型中心，在悬索逐渐被伸直、压铁脱离铸型的瞬间将引起摆动，直到下降时摆动仍不停止，严重影响压型准确性。

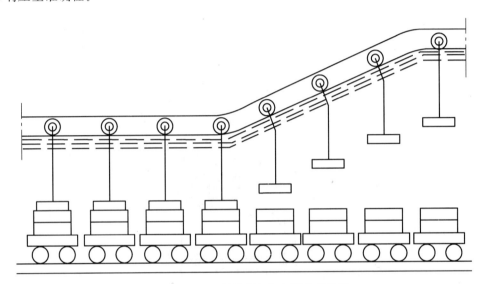

图 4.29　利用悬挂输送机加卸压铁的装置

2. 移动机械手式压铁机

图 4.30 所示为一种用在水平分型脱箱射压造型线上的移动机械手式压铁机。它主要由结构基本相同的加、卸压铁机械手 3、9 和把它们连结起来的回送压铁辊道 10 三部分组成。

工作时，卸压铁机械手 9 从浇注冷却后的砂型上抓起压铁 6，放到辊道 10 上，由它将压铁一块块地依序送到加压铁机械手 3 下方，提升缸 5 下降，机械手合拢抓住压铁，提升缸升起，同时移动缸 2 缩回，将压铁 6 带到砂型 7 上方；提升缸 5 下降，同时机械手张开将压铁加在砂型上。之后上升复位，移动缸伸出准备抓取下一块压铁。卸压铁机械手 9 的动作与之相同。

3. 带卡紧机构的砂箱

在铸钢件或大尺寸铸铁件的造型线上，由于铸型的冷却时间较长，采用压铁机构已不相宜，此时可采用特制的带有卡紧机构的砂箱，如图 4.30 所示。工作时，在合箱机上合完箱后，四只装在机架上的小油缸分别把位于下箱两侧的卡紧机构按图 4.31 中箭头所示"合"的方向加力，使卡环转动与上箱的凸块扣紧。而在分箱机前一个工位，则有四只油缸反向作用使之松开。

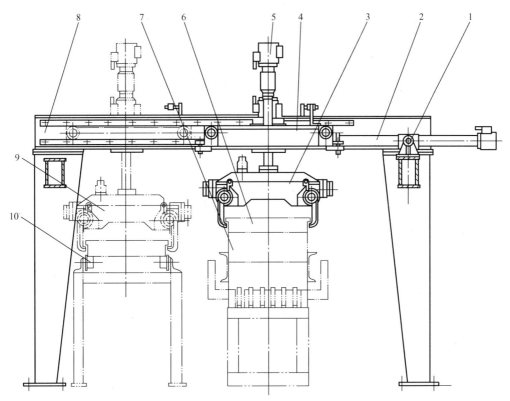

图 4.30 移动机械手式压铁机

1—铰支座；2—移动缸；3—加压铁机械手；4—移动小车；5—提升缸；
6—压铁；7—砂型；8—机架；9—卸压铁机械手；10—回送压铁辊道

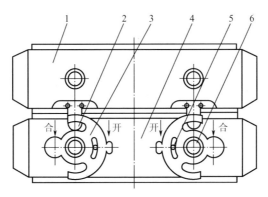

图 4.31 带有卡环式夹紧器的砂箱

1—上砂箱；2—凸块；3—卡环；4—下砂箱；5—限位螺钉；6—转轴

4.4.6 捅箱机和铸型顶出机

1. 捅箱机

捅箱机是将铸型自上而下从砂箱中捅出来的装置。图 4.32 是半自动造型生产线上采用的捅箱机简图。铸型被送到落砂位置时，推箱气缸 2 前进将其推入捅箱机中，并由定位机构 1 定位，捅箱缸 7 推动捅头将型砂及铸件捅下，落到振动落砂机或滚筒式落砂机中，进一步使铸件落砂。空砂箱则由挡箱缸 11 控制，依次进入分箱机进行分箱回送。该方法的优点是结构简单，噪声小而生产率高，砂箱不受振动冲击。缺点是推型时砂箱下平面与小车台面间相互摩擦，不仅使铸型输送机横向受力，而且使砂箱箱口产生不均匀的磨损。

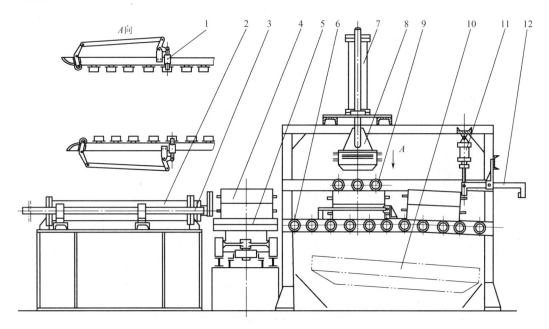

图 4.32　捅箱机简图

1—定位机构；2—推箱气缸；3—导向杆；4—铸型；5—铸型输送机；6—辊道；
7—捅箱缸；8—捅头；9—压箱辊道；10—落砂机；11—挡箱缸；12—挡箱爪

2. 铸型顶出机

为了防止薄壁铸件摔坏，以及对于需要在型砂包覆下延长冷却时间的铸件，则采用铸型顶出机。

图 4.33 是铸型顶出机简图，经过初步冷却的铸型被机械手等转运到边辊上，推入铸型顶出机后，四只砂箱夹紧缸 8 上升将砂箱托起，使其上平面直接压在上横梁上，顶型缸 9 的活塞上升，将整个砂块及其中的铸件顶出砂箱，直至顶板 11 与平台平齐，之后推型缸 1 前进将整个砂块及其中的铸件推送到二次冷却链板输送机 4 上而后复位，顶型缸也下降，顶板旁的毛刷 10 附带将砂箱内壁粗略地清理一下后复位，准备下一循环。

4.4.7　分箱机

落砂后的空砂箱仍是上下重叠在一起的，需用分箱机把它们分开，分别送给上、下箱造型机备用。

分箱的方式可分为上抓式和下顶式两类。上抓式分箱机的结构与上抓式落箱机类似，只需将动作略微改动即可。根据辊轮架开合及复位的方式不同，下顶式分箱机可有气缸开合、滑道开合、自重复位和弹簧复位等多种型式。

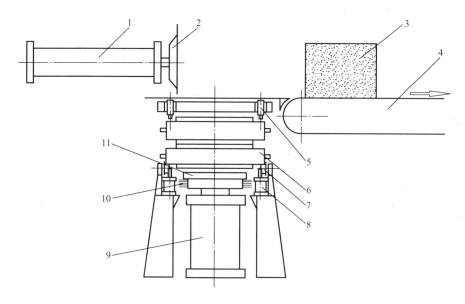

图 4.33　铸型顶出机简图

1—推型缸；2—推头；3—顶出后的砂块和铸件；4—链板输送机；5—缓冲缸；

6—铸型；7—边辊道；8—砂箱夹紧缸；9—顶型缸；10—毛刷；11—顶板

　　图 4.34 所示为一种下顶式分箱机。重叠着的上下箱进入分箱机后，分箱举升缸 8 上升，在上升过程中，砂箱相继撞翻上、下辊轮架 1 和 3。当上箱高于上辊轮架 1 时（此时下箱也高于下辊轮架 3），辊轮架在弹簧的作用下翻回原位。举升缸 8 当即下降，在下降过程中即将上、下砂箱分别搁置在上、下辊轮架的边辊上。举升缸继续下降时，装设在举升托架 7 一端的弹性推箱杆 10 先后拨动上、下箱滑出分箱机，分别进入上、下回箱辊道。

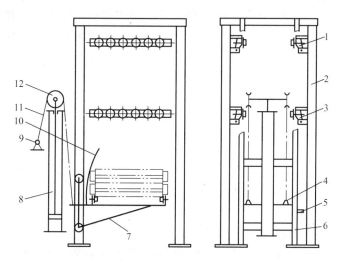

图 4.34　一种下顶式分箱机

1—上辊轮架；2—机架；3—下辊轮架；4—吊攀；5—限位器；6—导向工字钢；7—升降托架；

8—举升缸；9—钢丝绳扎头；10—弹性推箱杆；11—钢丝绳；12—绳轮

这种分箱机依靠砂箱来撞翻辊轮架，不仅使砂箱局部磨损，而且噪声较大。用气缸或滑道开合辊轮架则无此缺点，但机构却相对复杂一些。

4.5 造型生产线

4.5.1 造型生产线的分类

1. 按选用的造型主机分类

习惯上用所选用的主机名称来称呼造型生产线。例如，气动微震造型线、高压造型线、气冲造型线、静压造型线、垂直分型无箱射压线、水平分型脱箱压实造型线等。当然，由于有些造型机在国内使用时间较长，也有使用造型线的制造厂公司名称的，如 Sinto 线、KW 线、Disa 线等。

2. 按造型生产线砂型输送机的布置形式分类

按造型生产线砂型输送机的布置形式，可以将造型生产线分为开放式和封闭式两种。

（1）开放式造型生产线的铸型输送机直列布置，根据铸件要求的工艺冷却时间决定并列的条数。直列两端由转运小车相连接。输送机为脉动式，一般由液压缸驱动，转运小车由变频电动机驱动，或者通过齿轮齿条传动，也可使用钢丝绳拉动。滚道上的砂箱移动为脉动式或间歇式，由液压或气压缸推动或伺服电动机驱动。开放式布置适合生产多芯、复杂、质量大、需冷却时间长的铸件。

（2）封闭式的输送机为环形封闭布置，运行形式有连续式和脉动式两种。

① 连续式按调定速度连续运行，对下芯、合型、浇注、落箱及落砂等工序不利（均在动态运行下进行）。脉动式则为"开—停—开"模式运行，下芯、合箱、浇注等工序均可安排在"停"的时间内完成，方便生产。封闭式由于占地面积大，目前采用较少。

② 直列式主要用于垂直分型无箱射压造型线或水平分型脱箱造型线。主机、浇注段和冷却段均在同一条中心线上。主机造好的砂型从造型机推出，进入浇注段进行浇注，与此同时浇注好的砂型被推进同步冷却带，冷却带最前方砂型则被推入落砂机进行落砂。直列式布置局限性大，虽然宽度方向占用面积小，但由于布线长，适合大批量生产中小型铸件。

3. 按铸型从造型机到合箱机的运行方向与铸型输送机下芯合箱段运行方向之间的关系分类

造型线的布置方式按铸型从造型机到合箱机的运行方向与铸型输送机下芯合箱段运行方向之间的关系可分为串联式和并联式两种。

串联式布线的特点是造好的上型从造型机到合型机之间的运行方向，与造型段或下芯段的铸型输送机小车运行方向平行或重叠，如图 4.35 所示。串联式布线适于占地狭长的场合，多采用连续式铸型输送机，可以动态合型，也可以在合型边辊道上或合型机上实现静态合型，落砂后的空砂箱必须设置专用回箱辊道送回主机。此种布线方式布局较紧凑，除动态合型机外所采用的辅机结构都比较简单。

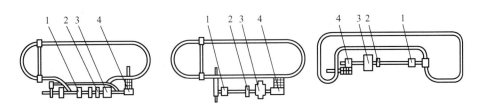

图 4.35　几种串联布置形式
1—合型机；2—翻箱机；3—造型机；4—分箱机

并联式布线的特点是造好的上型从主机到合型机的运行方向与铸型输送机在造型段或下芯段的运行方向垂直或成一定角度，如图 4.36 所示。并联式布线适合于车间跨度较大，允许占地短而宽的场合。无论采用脉动式输送机或连续式输送机都可以是静态合型，尤其是用脉动式铸型输送机时，下芯与浇注等工序都在静态下进行，这对简化机械设计和保证铸件质量都很有利。在并联布置的造型线上落砂后的空砂箱可以利用铸型输送机送回，也可以设置专用的回箱辊道将其送回造型机。并联布线适合于使用较大砂型进行生产。

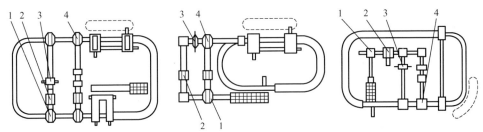

图 4.36　几种并联布置形式
1—分箱机；2—造型机；3—翻箱机；4—合型机

以上两种布线均可使主机布置在线内或线外，主机在线内时，大多数辅机皆在线内，可充分利用面积，受外界干扰较少，但是吊装、检修及人员出入均不太方便。主机在线外时优点正与之相反。

4. 按自动化程度分类

按造型生产线的自动化程度可将其分为半机械化造型线、机械化造型线、半自动造型线、自动化造型线。

半机械化造型线采用造型机造型，用推送缸推送落砂。用砂型输送机输送砂型进行浇注、冷却和回箱，其余工序（如砂箱搬运、合型等）由人工完成。适合小砂箱中小批量生产。

机械化造型线由机器造型和落砂，由砂型输送机输送砂型进行浇注和冷却，皮带机或轨道回箱，用起重设备搬运砂箱、砂型及下芯、落型、合型、浇注。此种造型线主机多采用震压式、震实式、压实式等造型机，适合批量生产。

半自动造型线中，造型、落型、合型、落砂、砂箱输送、砂型输送与浇注后冷却等均由 PLC 按规定程序和时间控制进行。全线之间的联系及部分工序由人工完成。此种造型线主机多用高压造型机、气冲造型机或静压造型机，适于大批量生产。

自动化造型线中，从造型到落砂全部由 PLC 控制完成，有完善而先进的电控系统监控和显示整个生产过程，适用于大批量生产。

4.5.2　造型生产线的选择原则

造型线的选择内容包括造型机类别及型号规格、造型线的布置及相关设备的组成、造型线自动化程度和技术水平等。

（1）根据所生产的零件大小、复杂程度、生产材质和批量的大小选择主机和生产线。零件小、批量大，应优先选择生产率高且辅助设备少的垂直分型无箱射压造型线和水平分型脱箱压实（或射压）造型线。零件复杂、质量要求高且多芯的则应尽可能选用静压造型线。

（2）同一条线生产的铸件质量要求不同，要求冷却时间不同，应以冷却时间最长的铸件考虑，选用开放式布置线，使得生产时可以根据铸件的冷却时间长短决定投入使用的冷却铸工带条数。多牌号、多品种生产应采用模板穿梭（或转盘）式的主机。

（3）选用的造型线和各种参数应与车间其他工部（制芯、配砂、熔化、浇注、清理等）的设备技术水平、能力等相匹配，保证车间均衡流水生产顺利进行。当然，工厂设计时一般做法是先确定造型生产线，再以造型生产线的生产能力要求、技术水平，考虑熔化、砂处理、浇注、制芯等工部。

（4）同一条线生产多品种铸件时，造型线应优先满足批量较大的且具有代表性的铸件，考虑有较高工艺要求的关键铸件。

（5）在满足工艺条件的情况下，优先选用无箱或脱箱造型线，以减少投资和缩短建设周期，降低生产运行成本。

（6）造型线辅机的技术水平和自动化程度应与造型机相适应，才能最大限度地发挥造型机的效能。

（7）在生产纲领合适和经济条件允许，又有技术支撑的情况下，尽量选用自动化水平高的造型线。但如果技术力量较弱时，宁可选用技术水平和自动化水平一般的造型线。

4.5.3　典型造型生产线实例

这里仅给出5种造型生产线的实例，进一步的造型生产线实例请参照书后附录2。

1. 一对主机组成的生产线

图4.37为典型的造型生产线的布置图，它由一对主机组线，即一个造型机8造下型，另一个造型机14造上型。

当下主机完成造型、起模后，下型被送至翻箱机7中，进行翻转180°后，送至落箱机6中，将下型放在按逆时针运动的铸型输送机5上，在下芯段Ⅰ完成下芯工作，然后下型运动到合型机11处等待合型。造好的上型送至翻箱机13处，将砂型翻转，以便检查铸型是否完好，送到铣浇冒口机12处，进行铣削浇冒口，再送至翻箱机15中翻转回来，将浮砂去掉，送至合型机处，进行合型。合好的铸型运送到压铁机16处，进行放压铁，运送到浇注段Ⅱ进行浇注，浇注后铸型将由铸型输送机带着运动，当经过压铁机16时将压铁取走，铸型直到提箱机4处，才被提起，离开铸型输送机。铸型被提起后，用液压推杆推向捅箱机2处，在捅箱机中，铸型及铸件从砂箱中被捅出落在落砂机1中，进行落砂，空砂箱被送至分箱机10中，将上、下砂箱分开。下砂箱送至下造型机，上砂箱送至上造型机，以备造型，至此完成一个造型生产线铸件生产循环。

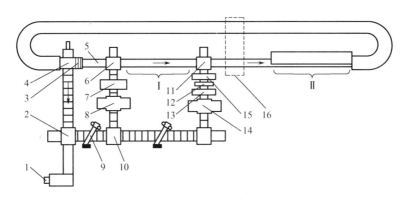

图 4.37 一对造型机组成的生产线布置图

1—落砂机；2—捅箱机；3—小车台面清扫机；4—提箱机；5—铸型输送机；
6—落箱机；7、13、15—翻箱机；8—下箱造型机；9—箱口清扫机；10—分箱机；
11—合型机；12—铣浇冒口机；14—上箱造型机；16—压铁机；Ⅰ—下芯段；Ⅱ—浇注段

2. 多功能静压造型线

图 4.38 所示为德国 HWS（Heinrich Wagner Sinto）公司为某铸造厂设计的一条多功能静压造型线，其最大特点是可以生产铸铁件和铸铝件，也可以使用两种不同高度的砂箱。

该线采用单台静压造型机造上、下型。造型机 10 造好的砂型由翻转机 8 翻转，砂箱落箱移箱机 6 将下型落在造型下芯浇注段（输送带 A）的小车上，上型被移到上型辊道架 15 上。上型分别由铣浇口机 5 铣出浇口杯和扎通气孔机 16 扎通气孔，然后由上箱翻转机 4 翻转，并被移箱合箱机 3 移到合型位置等待合型。下型在下芯段下芯后进入移箱合箱机 3 合型。

生产铸铁件时，合型后的砂型在铸工输送带 A 段进行浇注，浇注后的砂型由过渡小车 1 运送到铸铁专用输送带 B 和 C 进行冷却，冷却后的砂型由过渡小车 1 运送到落砂装置 12 进行落砂。落砂装置 12 有两条落砂通道 13 和 14，一条供铸铁件落砂，一条供铸铝件落砂。落砂后的空砂箱由分箱提升机 11 将上、下砂箱分开并提升，再被推送缸推入主机 10 造型。

生产铸铝件时，造型机 10 使用铸铝件专用型砂造型。下芯合型后的砂型只通过铸工输送带 A 段不浇注，由过渡小车 1 将其运送到供铸铝件浇注冷却专用铸工输送带 D 段，在此进行浇注和冷却，然后进入落砂通道落砂。由于铸铁件和铸铝件造型的型砂性能不同，通过不同通道落砂的两种旧砂分别返回各自独立的型砂制备中心。

该造型线还有如下特点：

（1）定量砂斗有一套重量定量装置实现砂定量，可以始终按照设定的上箱和下箱及不同高度砂箱的用砂量提供相应重量的型砂。此外，定量砂斗带有一个特制的百叶窗装置，以保证型砂均匀地填入砂箱。

（2）使用主动式液压多触头，同时所有多触头全部安装在一个整体液压部件中，没有使用液压软管，减少了液压油的泄漏，维护也方便。

（3）通过对多触头采用不同压实面积的设计，作用到砂箱周边的压力比其中间压力高约 20%，砂箱四角压力则比中间压力高约 30%，而且对于每种模板的上箱和下箱的压力均可以专门设置，砂箱周边及四角的压力也适应于每种模型所需压力的不同而变化。

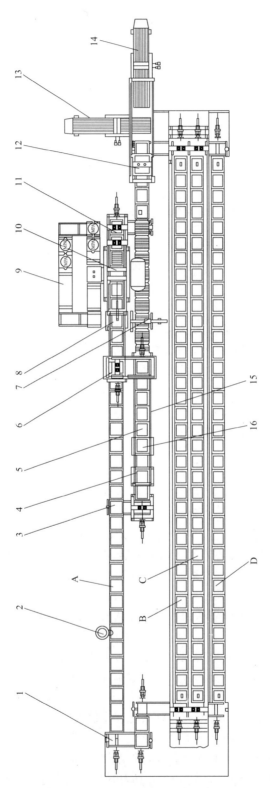

图4.38　德国HWS公司设计的多功能静压造型线

1—过渡小车；2—铸铁件浇注机；3—移箱合箱机；4—上箱翻转机；5—铣浇口机；6—砂箱落箱移箱机；7—小车台面清扫机；8—翻转机；9—模板更换装置；10—造型机；11—分箱提升机；12—落砂装置；13、14—落砂通道；15—上型辊道架；16—扎通气孔机；A、B、C、D—输送带

（4）多触头的伸出长度可根据模型状况而设置，并有检测装置进行控制。

（5）气流预紧实的压力和作用时间可以调节，压实压力也可以调节，以适应生产不同铸件的造型工艺要求。

（6）模板喷涂装置在打开定量砂斗前自动工作，从而减少离型剂用量，防止对环境的污染。

（7）在紧实过程中，造型机的举升台被液压支撑着，其导向杆是被楔紧的，当举升缸的油液回到绝对零点的位置时它才释放。

（8）铣浇口机和扎通气孔机采用三坐标设计、PLC编程控制。可根据预先输入的模板号自动调整工作位置。

（9）电控系统能根据所生产的铸件材质和砂箱高度自动控制砂型的流向和主辅机的动作。

该造型线非常适合只用一套造型系统同时生产铸铁件和铸铝件的造型。当所要生产的铸件大小差别较大时，可以分别用高砂箱或低砂箱进行造型，从而节省型砂用量。

3. 封闭式多触头高压造型自动线

图4.39所示为从德国进口的封闭式多触头高压造型自动线，生产线工艺流程如下：

落砂后的空砂箱由铸工输送带15运送到分箱机6的下方，上、下砂箱被分开。下砂箱留在铸工输送带台面上，而上砂箱则被提升到上型辊道架，并进入上箱造型机7造型。造完型的上型进入上箱翻箱机14，正反翻转两次将浇口杯内及砂箱面上的残砂倒落，然后进入合型机13等待合型。

下空砂箱被下箱提升机8提起，经下箱辊道进入下箱造型机9造型。造完型的下型到达下箱翻箱机12并被其翻转，然后通过下箱落箱机11落到铸工输送带台面，在下芯段下芯后进入合型机13合型。合完型的砂型由自动压铁机2放上压铁，然后进行浇注，并进入通风冷却除尘罩16冷却。

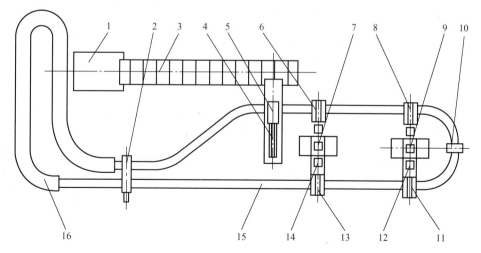

图 4.39 封闭式多触头高压造型自动线

1—落砂机；2—压铁机；3—砂型传送鳞板带；4—砂型推送装置；5—移箱捅箱机；6—分箱机；
7—上箱造型机；8—下箱提升机；9—下箱造型机；10—小车清扫机；11—下箱落箱机；
12—下箱翻箱机；13—合型机；14—上箱翻箱机；15—铸工输送带；16—通风冷却除尘罩

冷却后的砂型在自动压铁机 2 处取掉压铁,到达移箱捅箱机 5 时砂型被捅出,由砂型推送装置 4 推入砂型传送鳞板带 3,最后在落砂机 1 进行落砂。

4. 气冲造型线

图 4.40 所示为由一台气冲造型机组成的生产线。砂箱尺寸为 1850mm×800mm×300mm,采用开放式铸型输送机,用来生产汽车工业的球墨铸铁件。

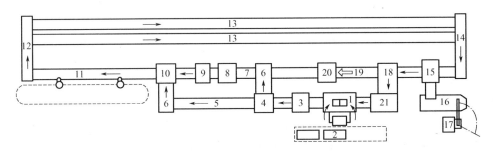

图 4.40　由一台气冲造型机组成的生产线

1—空气冲击造型设备(带回转式模板更换系统);2—模板更换装置;3—翻箱机;4—转运和下降装置;
5—下芯段;7—上箱铸型段;8—钻直浇道机;9—上箱翻回装置;10—合型机;11—浇注段;
6、12、14、18—转运小车;13—冷却段;15—捅箱机;16—落砂机;
17—铸件机械手;19—小车回运装置;20—小车清扫装置;21—翻箱机

该生产线是用一台空气冲击造型设备即气冲造型机 1 交替造上、下铸型。下型造好后,经翻箱机 3 翻转后,送至下芯段 5,进行下芯。下芯后,经转运车送至合型机 10 处,等待合型。上铸型造好后,经翻箱机 3 翻转后,由转运小车 6 送至钻直浇道机 8 处,钻出直浇道。再送至翻箱机 9 处,翻转回来。再到合型机 10 与下铸型合型。合型后送至浇注段 11 浇注。浇注后,送到转运车小 12,根据铸件要求冷却时间长短,可分送不同冷却时间的冷却段 13 上,进行冷却。冷却后再由转运小车 14 转运到捅箱机 15 处,将铸型捅出,型砂及铸件落在落砂机 16 上,进行落砂;空砂箱经转运车送至分箱机 21 处,进行分箱。再把上、下箱依次送至气冲造型机中。

该气冲造型机有一个三工位回转式模板更换装置 2,可在不停机的情况下,更换模板。

5. 有箱射压造型线

图 4.41 所示为一条射压造型带自动下芯的造型线,所采用的砂箱内尺寸为 450mm×350mm×110mm,连续式铸型输送机,专用于大批大量生产高压绝缘子上的钢帽。

该造型线的特点之一是把造芯也包括在生产线内,而且下芯工作是自动进行的。9 是一台黏土砂射芯机,用一个上半芯盒装在射芯机上作射头,而下半芯盒则有若干个,在生产线中周转使用。造好的下型及砂芯,送入合芯机 6 进行合芯,再经自动下芯翻转机 8 中翻转,在开芯盒机 10 中起去芯盒。从开芯盒机 10 中出来的下半芯盒经过空芯盒翻转机 11 翻转回到射芯机 9 重复使用。上型由上箱射压造型机 14 推出,在合型机 12 中与已下完芯的下型进行合型,然后进入落箱机 13,由它把铸型放到铸型输送机上。以后,加压铁、浇注、冷却、落砂。从捅箱机 1 出来的空砂箱,用分箱机 2 送到回送辊道 3,运往造型机继续使用。

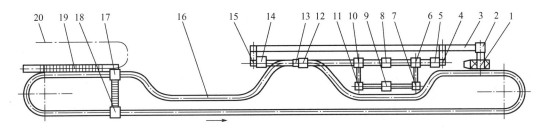

图 4.41　射压造型带自动下芯的造型线

1—捅箱机；2—分箱机；3—回送辊道；4、15—转向机；5—下箱射压造型机；6—合芯机；
7—芯盒换向机；8—自动下芯翻转机；9—黏土砂射芯机；10—开芯盒机；11—空芯盒翻转机；
12—合型机；13—落箱机；14—上箱射压造型机；16—铸型输送机；17—加压铁机；
18—卸压铁机；19—浇注同步平台；20—浇注单轨

思考题及习题

一、填空题

1. 按生产线布置，可将铸型输送机分为_____和_____两种。

2. 按照工作原理的不同，浇注机械可分为_____、_____、_____和_____
四类。

3. 常采用的铸型输送机按运动特征有_____、_____和_____等。

二、简答题

1. 什么是造型生产线？

2. 为完成造型工艺有哪些辅机？为完成砂箱运输有哪些辅机？

3. 为什么有的生产线上箱造型机处也设置翻箱机？其动作有何特点？

4. 封闭式与开放式造型生产线各有何特点？各适用什么地方？

5. 什么叫串联式布线及并联式布线？各有什么特点？

6. 铸型为什么采用二次冷却？有什么特点？

7. 惯性撞击式落砂机与惯性振动落砂机有什么不同？

8. 简述双质体共振落砂机的工作原理。

9. 造型生产线的布置原则有哪些？

三、造型生产线综合分析题

1. 分析图 4.37 所示德国 HWS 公司设计的多功能静压造型线的各部分名称和工作
过程。

2. 分析图 4.38 所示的封闭式多触头高压造型自动线的各部分名称和工作过程。

3. 分析图 4.40 所示的采用连续式铸型输送机的带自动下芯的有箱射压造型线造型生
产线的各部分名称和工作过程。

4. 查阅资料，给出另一种形式的造型生产线。

第5章

砂处理系统设备及其自动化

5.1 砂处理系统概述

随着射压、高压、气冲、静压等现代造型技术的出现，对型砂质量的要求大大提高，砂处理工艺流程也不断完善，砂处理设备也得到了很大发展。当前，现代化铸造企业型砂制备已形成一个大系统，包括新砂处理、储备和输送系统，旧砂处理（破碎、磁选、过筛、冷却）、储存和输送系统，型砂混制（包括各种物料定量加入）和输送系统，辅料储存和输送系统，型砂质量在线检测和控制系统，以及机械化运输电气联锁控制等。

5.1.1 砂处理系统的要求

(1) 应能准确地称量并方便地改变配比。各物料的加入应有准确的称量，并且能根据不同造型需要，方便地改变型砂各加入物料的配比，混制出不同工艺要求的型砂。

(2) 应有性能优越的混砂单元。将砂、水分和辅料三者有效混合，使混制的型砂满足工艺的各项要求。

(3) 设有型砂团等回用系统。如果砂型因为某种原因未经浇注就落砂，或者在砂铁比很大时，都有可能超过落砂设备对砂团的破碎能力而发生大量"跑砂"现象，此时要将型砂回收，并加入砂处理系统中重新进行循环利用。

(3) 应有效率高、效果好的除尘设备。两条回砂传送带的交接处、旧砂斗式提升机、冷却设备、筛分设备、落砂设备和混砂机等处均应有除尘设施，减少旧砂混制和运输过程对环境的污染。同时，还应有粉尘的回用装置，将部分除尘器收集的粉尘重新加入砂处理系统内，用以保证型砂的韧性、流动性和适当的透气性，提高砂型表面光洁程度，从而降低铸件表面粗糙度值。

(4) 对旧砂的要求。

① 进入混砂机的旧砂含水量和温度应保持稳定。例如，旧砂水分保持在 2.0% 左右，温度低于 50℃，最好不超过 40℃。

② 过筛后旧砂无残铁等磁性物质和芯头等杂质。

③ 系统应有足够的储砂量，砂子在一个生产班次的循环使用次数不超过 3 次，使旧砂成分和性能波动最小。

④ 黏土长时间在 500℃以上的温度作用下，会失去结构水，变成死黏土。旧砂中每增加 1%的死黏土，混砂时要多加 0.2%的水分，而型砂中水分太高对铸件质量将产生不利影响。因此，要求旧砂总的含泥量应保持在 10%～15%，其中有效黏土为 7%～8%，失效黏土小于 5%。

⑤ 应有排放旧砂的系统，当系统旧砂中含泥量太高时，能够排放部分旧砂，多补充新砂，借以降低旧砂中的含泥量。

5.1.2　砂处理系统设计及设备选用原则

（1）根据所生产的铸件工艺分析确定造型方式和造型设备，从而确定型砂的种类。

（2）根据生产规模确定型砂的需要量及系统型砂周转量，从而确定系统的生产能力。

（3）根据系统的生产能力和型砂的工艺要求选择设备的型号、规格和数量。

（4）根据车间生产批量和规格及型砂种类，采用相应的配置方式。一般情况下，对型砂种类相同而性能要求相似的多条造型线，应采用一个砂处理系统，集中制备供砂；对车间内有不同造型设备但型砂种类相同而性能要求不同时，应分别建立专用系统，但系统中应尽量考虑有联络线路，在必要情况下能够共用。

（5）选择设备时，应首先确定混砂机，再确定混砂机的配套设备。单台设备所能达到的实际生产率应大于系统所需生产率，但应低于设备的名义生产率。

（6）原则上，一道工序设置一台设备，但对于生产率高、维修量大、易造成故障停机并容易引整个铸造车间停工的设备，可以设置 2 台或 2 台以上。

5.1.3　砂处理系统的工艺组成

典型的砂处理系统组成示意图如图 5.1 所示。经过破碎、磁选后的热旧砂由带式输送机或旧砂斗式提升机提升进入滚筒筛过筛。过筛后的旧砂进入旧砂储砂斗，经带式给料机进入砂冷却器冷却。冷却后的旧砂经带式输送机进入旧砂储存斗，再由带式给料机定量加到旧砂和新砂混合称量斗中。

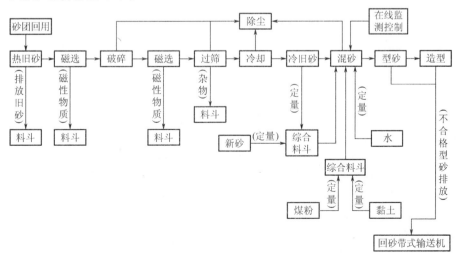

图 5.1　砂处理系统组成示意图

新砂通过输送系统输送到新砂储存斗内，由储存斗下的带式给料机定量加到旧砂和新砂混合称量斗内。

煤粉、黏土和粉尘用输送系统分别输送到煤粉斗、黏土斗和粉尘斗中，并由其斗下的螺旋给料机定量加到辅料称量斗内。

混砂时，新砂、旧砂和辅料分别由称量斗加入混砂机混制，水则通过水箱经称量器定量加入混砂机内。混好的型砂排放到型砂储存斗，由储存斗下的给料机卸到型砂带式输送机（或由混砂机直接卸到型砂带式输送机）送至造型工部造型。旧砂水分及温度探测仪控制当碾混砂加水量，型砂质量在线检测仪则修正下一碾混砂加水量和黏土加入量。也有的通过型砂质量在线检测仪检测控制型砂紧实率，从而控制当碾加水量。

5.1.4　砂处理系统的布置形式

布置砂处理系统时应考虑物流畅通，流向合理，维护管理方便。同时，砂处理是铸造工厂的主要污染源之一，应尽量减少对其他工部的影响。

砂处理系统主要有平面布置和塔式布置两种形式。国内铸造厂使用平面布置较多，也有铸造厂采用"半塔式"布置。

1. 平面布置

平面布置砂处理系统的主要特点是系统的设备分散布置在地面的不同位置，设备间通过多台斗式提升机、带式给料机和带式输送机连接，运输路线一般较长。

平面布置的砂处理厂房高度较低，维修方便，但占地面积大，机械运输设备多，能耗高，管理难，对其他工部影响也大。

图 5.2 为国内某大型铸造厂造型车间砂处理工部布置图。从落砂滚筒来的热旧砂经过带永磁头轮的带式旧砂输送机 1 和悬挂带式永磁磁选机 2 的二次磁选后，经旧砂带式输送机 4 进入滚筒筛 5 第 1 次筛选，然后进入双盘砂冷却装置 8 冷却。冷却后的旧砂经旧砂带式输送机 17 进入滚筒筛 3 进行第 2 次过筛，再经旧砂带式输送机 19、18，进入旧砂储存斗 21。新砂卸入带格子板的新砂斗 16 中，斗下带式给料机将新砂送入新砂斗式提升机 15，提升后由新砂带式输送机 14 送入新砂储存斗 9。

混砂时，旧砂和新砂分别由其储存斗下的带式给料机加入称量斗，然后加入混砂机进行混制。使用二级滚筒筛可以利用不同筛孔尺寸筛砂，提高筛砂效果，也更有利于旧砂团的破碎和调节旧砂粉尘。筛出的杂物均由废砂带式输送机 20 和 6 送主废砂储存斗 7 内。需要排放旧砂用以降低旧砂含泥量时，也可通过该系统排放。

2. 塔式和半塔式布置

塔式布置方式是将热旧砂由大斗提升机一次性提升到最高处，然后自上而下进行过筛、冷却和混砂等处理。这种布置方式工艺流程短，使用设备数量少，占用面积少，而且设备集中，便于管理，减少对周围环境和其他工部的影响。其主要缺点是需要厂房高度较高，土建及钢结构造价也高。

一种砂处理系统塔式布置立面图如图 5.3 所示，其旧砂处理工艺流程如下：经悬挂带式永磁磁选机 17 和永磁带轮 16 去除残铁的旧砂，由旧砂斗式提升机 12 提升到最高处，经旧砂带式输送机 10 进入滚筒筛 9，筛去芯头及夹杂物，由带式给料机 13 通过增湿后进入振动沸腾冷却装置 14 冷却。冷却后的旧砂通过双向带式给料机 18 正转时向新旧砂混合

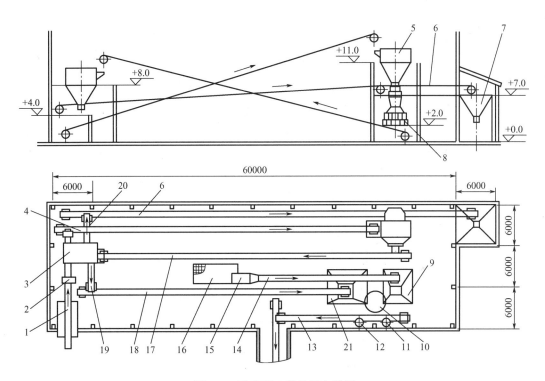

图 5.2 砂处理工部平面布置图

1—带永磁头轮的带式旧砂输送机；2—旋盖带式永磁磁选机；3—滚筒筛(2)；
4、17、18、19—旧砂带式输送机；5—滚筒筛(1)；6—废砂式输送机；7—废砂储存斗；
8—双盘砂冷却装置；9—新砂储存斗及带式给料机；10—混砂机单元；11—煤粉储存斗及螺旋给料机；
12—黏土储存斗及螺旋给料机；13—型砂带式输送机；14—新砂带式输送机；15—新砂斗提升机；
16—带格子板的新砂斗及带式给料机；20—废砂带式输送机；21—旧砂储存斗及带式给料机

称量斗 5 供砂，再加入混砂机 3。辅料则通过辅料称量斗 4 加入混砂机 3，然后混砂。但是，考虑到振动沸腾冷却装置工作时对钢结构平台的影响，也为了减少设备基础的造价，最好改选运行比较平稳的双盘冷却装置。

为了降低厂房高度，减少筛砂机和振动沸腾冷却器下方砂斗容积，该设计特意增设一个容积大的旧砂缓冲斗 15，由双向带式给料机 18 反转时供砂，再由缓冲斗下的带式给料机 19 向旧砂斗式提升机 12 供砂，保证了整个系统有足够的周转储砂总量。

混制好的型砂排卸到混砂机下方型砂储砂斗中，并由圆盘给料机 2 卸入型砂带式输送机 1 送至造型工部造型。

砂处理系统三段半塔式布置立面图如图 5.4 所示。其工艺流程如下：经过悬挂磁选机和带式永磁磁选轮磁选后的热旧砂，由斗式提升机 13 提升到第一塔，进入滚筒筛 12 进行过筛。双向带式给料机 15 上方由自动测温增湿加水系统 14 加水增湿，经双轮松砂机 16 拌匀后进入振动沸腾冷却装置 17 进行冷却（不冷却时双向带式给料机正转将砂直接卸入旧砂带式输送机 18）。冷却后的旧砂经旧砂带式输送机 18 进入斗式提升机 10，由斗式提升机 10 和旧砂带式输送机 9 分别卸到四个大旧砂储存斗 8（如果分别储存两种旧砂，则可交替混制两种不同性能的型砂，从而可以生产两种不同牌号的铸铁件，如球墨铸铁件和灰铸铁件）。

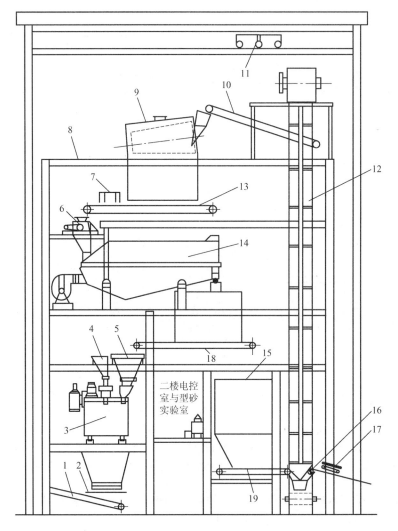

图 5.3 砂处理系统塔式布置立面图

1—型砂带式输送机；2—圆盘给料机；3—混砂机；4—辅料称量斗；5—新旧砂混合称量斗；
6—搅拌器；7—增湿装置；8—钢平台；9—滚筒筛；10—旧砂带式输送机；11—起重机；
12—旧砂斗式提升机；13—带式给料机；14—振动沸腾冷却装置；15—旧砂缓冲斗；
16—永磁带轮；17—悬挂带式永磁磁选机；18—双向带式给料机；19—带式给料机

圆盘给料机 19 和旧砂带式输送机 20 将旧砂从储存斗 8 送入斗式提升机 7，再由斗式提升机 7 提升到混砂机 3 上方的旧砂斗 4 内，混砂机上有微机配料秤对旧砂、黏土、煤粉、水分及从除尘器组 11 收集来的粉尘进行称量，保证各种物料的加入量按工艺要求执行。混制好的型砂经型砂储砂斗下的圆盘给料机 1 均匀卸入型砂带式输送机 2，然后送至造型工部造型。

该系统的新砂加入点在落砂后的第一条旧砂带式输送机上，加入量可以调节。这种加入方式的好处是使未经烘干的新砂随温热旧砂一起过筛、搅拌、冷却，提高新旧砂的均匀性。

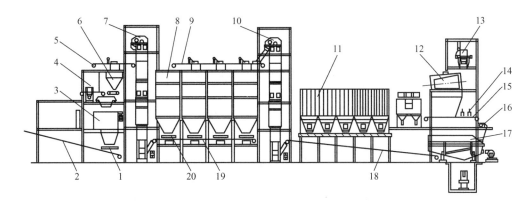

图 5.4 砂处理系统三段半塔式布置立面图

1、19—圆盘给料机；2—型砂带式输送机；3—混砂机；4—旧砂斗及带式给料机；

5、9、18、20—旧砂带式输送机；6—粉料斗及螺旋输送机；7、10、13—斗式提升机；8—旧砂储存斗；

11—除尘器组；12—滚筒筛；14—自动测温增湿加水系统；15—双向带式给料机；

16—双轮松砂机；17—振动沸腾冷却装置

　　垂直分型挤压造型线的用型砂点和落砂点在造型线两端，采用三段塔式串联布置砂处理系统尤为合适。

5.2 黏土砂混砂机

　　混砂机的功能是使湿黏土膜均匀地附着在砂粒表面，提高型砂的强度和塑性。随着造型新工艺的不断出现和对型砂质量和混砂机生产率的新要求，混砂机也不断变化，从最初的碾轮式混砂机发展到今天大量采用的转子式混砂机。

5.2.1 混砂机的种类及特点

　　黏土混砂机主要可分为碾轮式混砂机、碾轮转子式混砂机、摆轮式混砂机和转子式混砂机四大类，各类混砂机的主要特点见表 5-1。

表 5-1 混砂机的主要特点

类　型	特　点	代表型号
碾轮式混砂机	（1）主要利用碾轮的碾压力对物料进行碾压，并有搓擦和搅拌作用； （2）混制的型砂质量较好，但生产率较低，松散度也较差； （3）采用弹簧加减压装置后，混砂质量和生产率均有提高； （4）结构简单，维修方便	S11 系列
碾轮转子式混砂机	（1）碾轮混砂机的一个碾轮改成中等速度的转子，其他结构不变； （2）利用碾轮大的碾压力和高速固定转子的双重作用对物料进行；混合、碾压、擦揉，型砂质量好； （3）结构较复杂、维修不便	S13 系列

(续)

类　型	特　点	代表型号
摆轮式混砂机	(1) 利用安装高度不同的摆轮对被刮板抛起的物料进行搓擦、混合； (2) 混制过程通过鼓风机向型砂吹入空气冷却； (3) 型砂质量一般； (4) 主轴转速高，生产率也高	SZ124
转子式混砂机	(1) 利用高速旋转的转子对物料进行冲击、剪切、擦揉，型砂质量好，松散性也好，生产率高； (2) 结构简单，维修方便	国内：S14 系列、S16系列、S18 系列 国外：①EIRICH 的 D系列、R 系列；②DISA的 SAM 系列、TM 系列；③KW 的 WM 系列

5.2.2　碾轮式混砂机

1. 碾轮式混砂机的工作原理

碾轮式混砂机的工作原理如图 5.5 所示。电动机通过减速器使混砂机主轴旋转，在主轴的顶端装有十字头，两个碾轮通过碾轮轴和曲柄装在十字头两侧，十字头的另外两侧固定着垂直的内刮板和外刮板。

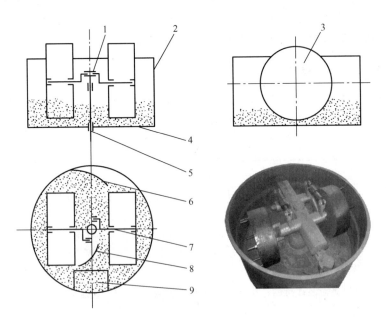

图 5.5　碾轮混砂机的工作原理

1—十字头；2—围圈；3—碾轮；4—底盘；5—主轴；
6—外刮板；7—曲柄；8—内刮板；9—卸砂门

加料后，由固定的底盘和围圈构成的机盆内有一定厚度的砂层。碾轮一方面随主轴公转，一方面由于与砂层摩擦又绕碾轮轴自转，在转动过程中将处于碾轮前方的松散砂层压实。随十字头一起转动的刮板接着将压实的砂层推起、松散，并把砂送入下一个碾轮的工作区域，供碾轮再一次碾压。内刮板将砂从底盘中心向外送，外刮板将围圈附近的砂向里推，也起到一定的混合作用。碾轮混砂机的混砂原理是靠碾轮的重力，即碾压力压实砂层，使物料在压实过程中相对运动，互相摩擦，将湿润的黏土逐渐包覆在砂粒表面形成黏土膜。

碾轮的结构和参数对混砂效果和混砂效率是至关重要的，一方面要求碾轮的碾压力使砂层产生最大变形，另一方面又不希望砂层过于压实。

刮板的作用是对型砂进行搅拌混合和松散。刮板的混砂作用在混砂初期较为明显，而在混砂的后期，刮板的作用以松散砂为主。刮板对混砂的作用不容忽视，因为没有刮板，辗轮就不能发挥作用，而且刮板使型砂越松散，辗轮的碾压作用才越显著。

2. 碾轮式混砂机的改进

正是碾轮的结构和运动决定碾轮混砂机的混砂质量好，但是许多妨碍提高混砂效率的问题也是由于碾轮引起的。如在碾轮前面的砂层不能太厚，主轴转速也不宜太高，这就决定了碾轮混砂机的一次加料量不能多，混砂时间长，生产率低。为此，从提高混砂机的主轴转速、增加碾压力、增强对型砂的搅拌作用等方面对碾轮混砂机进行了许多改进，其中碾轮弹簧加压装置是一个重大突破。

弹簧加减压装置如图 5.6 所示，支架固定在十字头上，而曲柄则铰接在十字头的轴上，可以以轴为中心摆动。在支架和曲柄的上端铰接着弹簧加减压装置，在曲柄下端的碾轮轴上装有碾轮。弹簧加减压装置结构如图 5.7 所示，由拉杆活塞、加压弹簧、减压弹簧和套筒等组成。

空载时，碾轮自重使曲柄沿逆时针方向转动，拉杆活塞左移，压缩减压弹簧，直至碾轮自重与减压弹簧平衡。混砂时，碾轮在压实砂层时被抬高，曲柄顺时针转动，减压弹簧伸长，加压弹簧受到压缩。弹簧经过曲柄和碾轮对砂层产生一附加载荷。随着混砂时间的延长，型砂强度增加，碾轮继续被抬高，直到达到一定高度，减压弹簧的变形量为零。由此可见，当碾轮重量、曲柄尺寸和弹簧刚度确定后，总碾压力与弹簧的变形量成正

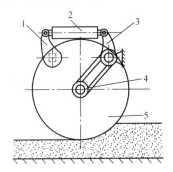

图 5.6 弹簧加减压装置
1—支架；2—弹簧加减压装置；
3—曲柄；4—碾轮轴；5—碾轮

比。弹簧的变形量是随碾轮抬起高度变化的，也就是与砂层厚度成正比，所以碾压力正比于砂层厚度。

当型砂制备完毕卸砂时，底盘上的砂层厚度迅速降低，这时加压弹簧的变形量减小而减压弹簧的变形量增加，当碾轮自重与减压弹簧力平衡时，总碾压力等于零。

弹簧加减压装置有以下优点：

（1）可以在保持一定碾压力的条件下，减轻碾轮自重，从而可以适当增加碾轮宽度，扩大碾压面积；也可提高主轴转速，加快混砂过程。

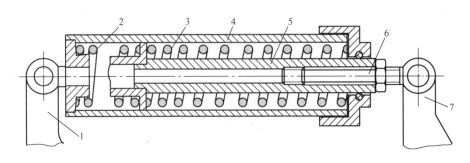

图 5.7　弹簧加减压装置

1—支架；2—减压弹簧；3—加压弹簧；4—套筒；5—拉杆活塞；6—调节螺栓；7—曲柄

（2）碾压力随砂层厚度自动变化，加料量多或型砂强度增加，则碾压力增加；当加料量少或在卸砂时，碾压力也随之降低。弹簧加减压装置不仅符合混砂要求，而且可以减少功率消耗和刮板磨损。

3. 典型辗轮式混砂机

1）单盘间歇式碾轮混砂机

图 5.8 是 S1118 型单盘间歇式碾轮混砂机结构图。

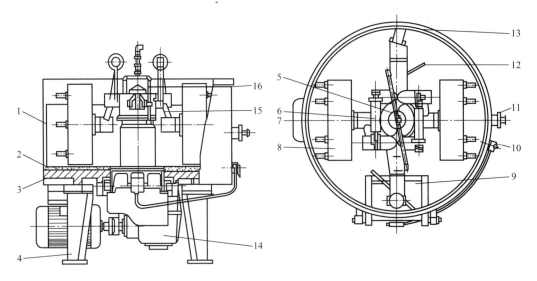

图 5.8　S1118 型单盘间歇式碾轮混砂机结构图

1—围圈；2—铸石；3—底盘；4—支腿；5—十字头；6—弹簧加减压装置；7—碾轮；8—外刮板；
9—卸砂门；10—气阀；11—取样器；12—内刮板；13—壁刮板；14—减速器；
15—曲柄；16—加水装置

S1118 型单盘间歇式碾轮混砂机的机体由底盘、围圈和四个支腿组成，在底盘上铺有辉绿岩铸石，传动系统的电动机和减速器都装在底盘下面。减速器的输出轴连接混砂机主轴，在主轴的顶端固定着十字头。两个碾轮通过碾轮轴及曲柄装在十字头两侧，在十字头的另外两侧分别固定着垂直的壁刮板、内刮板和外刮板，在所有刮板的工作表面均堆焊硬质合金，以增强其耐磨性。一定要定期检查和调整刮板与底盘、刮板与围圈间的间隙。在碾轮外侧装有短松砂棒，用于松散和混合靠近围圈处的型砂。加水系统有四个喷嘴，可以在自来水的压力下将水雾化，加在物料中，有利于水分迅速分布均匀。卸砂门采用抽屉式，用一个气缸驱动。打开卸砂门后，盘上的型砂在三块刮板的推动下卸出。围圈上设有取样器，便于工人取出砂样，检查混砂质量。

　　2）双盘碾轮式连续混砂机

　　当单盘间歇式碾轮混砂机不能满足生产需要时，可采用双盘碾轮式连续混砂机，如图5.9所示。它由两个碾轮混砂机组成，两个底盘的主轴转速相同，但转向相反。当物料连续地加到一个底盘上后，受到碾轮的碾压，并随刮板一起转动。在转至两底盘相交处时，有一部分物料被刮板推向另一底盘，这样物料在双盘上的运动轨迹为"8"字形，并反复交换位置。卸砂门设在另一底盘的围圈上，根据预期达到型砂性能所需的混砂功率开启卸砂门，这样就使混砂机在最佳物料容量下工作，并保证物料的混合时间。连续混砂机要求回用砂的处理质量更为均匀稳定，物料定量准确，能自动调节加水量。

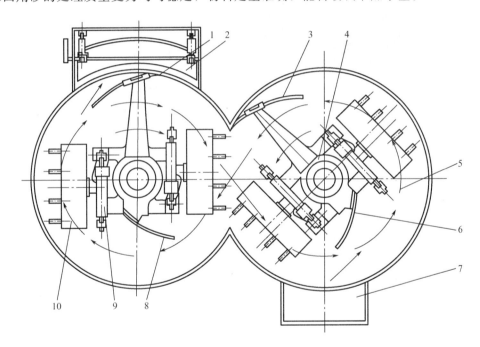

图5.9　双盘碾轮式连续混砂机

1、3—外刮板；2—卸砂门；4—十字头；5—物料流；6、8—内刮板；7—加料口；
9—弹簧加减压装置；10—碾轮

　　由于连续混砂机的加料和卸料是连续进行的，节省了辅助时间，生产率高，适于为只用一种型砂的自动造型线混制型砂。

5.2.3　碾轮转子式混砂机

　　碾轮转子混砂机既保留碾轮对型砂的碾压作用，又增设混砂转子以较高的速度冲击和搅拌型砂，兼有碾轮混砂机和转子混砂机的特点。

图 5.10 是碾轮转子混砂机示意图，在立柱顶端固定一个太阳轮，当混砂机主轴带动十字头旋转时，装在十字头上的行星齿轮由于与太阳轮啮合，一面绕太阳轮（即混砂机中心）公转，一面自转并经过十字头上的定轴齿轮传动系统，使混砂转子转动。十字头的一侧是混砂转子，在相对的一侧装有碾轮。三块刮板也装在十字头上，其中内刮板与壁刮板是垂直的，中刮板与底盘成15°倾角。

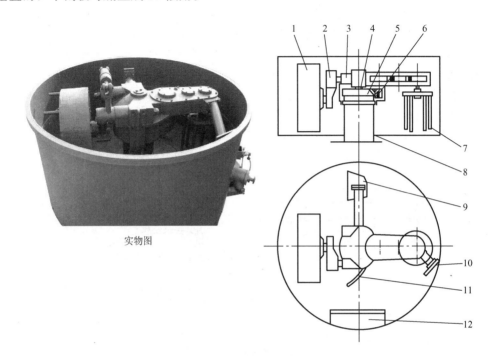

实物图

图 5.10　碾轮转子混砂机示意图

1—碾轮；2—曲柄；3—十字头；4—主轴；5—太阳轮；6—行星齿轮；
7—转子；8—立柱；9—中刮板；10—壁刮板；11—内刮板；12—卸砂门

起动混砂机后，主轴带动十字头旋转，内刮板及壁刮板将底盘上的物料收拢供碾轮碾压，压实的物料由中刮板铲起和松散，再经混砂转子的冲击和搅拌，然后又被内刮板和壁刮板送至碾轮的碾压区域。采用垂直棒式混砂转子，转子将物料冲击得越松散，混合越强烈，碾压时砂层的变形量也越大。

该混砂机的特点：保留了碾轮混砂的优点，混砂质量好；由于混砂转子的存在，强化了对型砂的搅拌作用，提高了工作效率，混砂周期短；混制的型砂松散性要好于碾轮式混砂机，但强度略低；混砂转子的行星传动机构比较复杂，功率消耗比一般碾轮混砂机高。

5.2.4　摆轮式混砂机

图 5.11 是双摆轮式混砂机示意图，由主轴驱动的转盘上装有两个高度不同的偏心轴，以及两个分别与底盘成 45°和 60°夹角的刮板。在偏心轴的顶端装有摆轮，它可以绕偏心轴摆向围圈，也可以绕摆轮轴自转。摆轮与刮板交互错开布置，互相对应。摆轮的圆周表面和围圈内壁均包有橡胶。

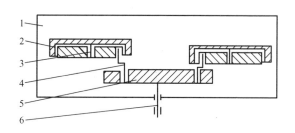

图 5.11 双摆轮式混砂机示意图
1—围圈；2—摆轮；3—摆轮轴；4—偏心轴；5—转盘；6—主轴

当主轴旋转时，由转盘带动的刮板将物料从底盘上铲起并抛出，形成一股砂流。摆轮在离心惯性力的作用下，绕偏心轴摆动时将砂流压向围圈，由于摆轮与砂流间的摩擦力，摆轮同时绕摆轮轴自转并碾压砂流。

与碾轮混砂机相比，摆轮混砂机的特点：①摆轮水平安装，利用离心惯性力碾压物料，因此摆轮质量轻，主轴转速可以提高；②采用倾斜刮板，使刮板铲砂阻力减小，而且可以形成物料流，从而加强了物料的混合和相互摩擦。

5.2.5 转子式混砂机

1. 转子式混砂机的特点

转子式混砂机具有以下特点：

（1）混砂机构的转子叶片埋在砂层中，对物料冲击混合，使黏土团破碎分散，将机械能直接有效地传给物料，混砂效率高，一次加料量可以大为增加。

（2）利用转子叶片对物料的冲击力、剪切力和离心力进行混砂，使物料一直处于快速运动的松散状态，物料的混合、扩散和对流作用突出。通过高速转子对物料高速剪切、搓擦、涂抹，使在砂粒表面很快形成黏土浆膜。

（3）碾轮混砂机主轴转速一般为 $25\sim45\mathrm{r/min}$，因此两块垂直刮板每分钟只能将物料挂起和松散 $50\sim90$ 次，混合作用不够强烈。高速转子的转速为 $600\mathrm{r/min}$ 左右，使受到冲击的物料快速运动，混合速度快，混匀效果好。

由于上述特点，转子式混砂机被广泛用于各种现代造型生产线中。

2. 转子混砂机的类型

转子式混砂机有固定转子的，也有既自转又绕主轴公转的行星式转子的；转子转动速度有定速的，也有变速的；底盘既有固定的，又有转动的。尽管转子混砂机的结构形式各不相同，但主要可以分成底盘和围圈不动、固定转子的混砂机，底盘和围圈转动、固定转子的混砂机和行星转子混砂机三大类。

1）底盘和围圈不动、固定转子混砂机

这类混砂机的转子在固定位置自转，底盘和围圈不动，通过绕主轴中心转动的"S"形刮板向转子供砂。其中此类混砂机的代表型号为国产 S14 系列、KW 的 WM 型和 DISA 的 TM 系列。

（1）S14 系列。S1420A 型转子混砂机结构示意图如图 5.12 所示，它的底盘和围圈是固定的,支腿尺寸与同盘径碾轮混砂机和碾轮转子混砂机相同。主电动机和减速器均装在底盘下面,电动机通过 V 带传动减速器,减速器的输出轴带动底盘上的主轴套旋转。主轴套的顶面装有流砂锥,主轴套的侧面安装两层各四块均布的刮板,上层是短刮板,下层的长刮板与底盘接触。在长刮板的外端装有壁刮板,用于清理不锈钢内衬圈上的粘砂。长刮板由刮板体和板面组成,磨损后可以方便地更换板面。壁刮板、板面和短刮板的工作表面均堆焊硬质合金,以增强其耐磨性。

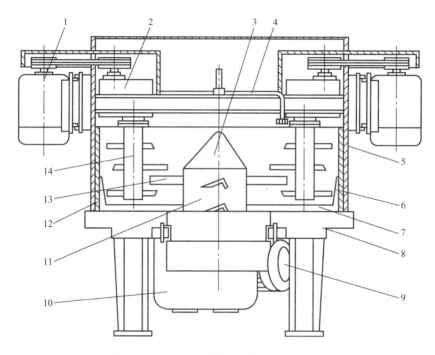

图 5.12　S1420A 型转子混砂机结构示意图

1—转子电动机;2—转子减速器;3—流砂锥;4—加水装置;5—围圈;6—壁刮板;
7—长刮板;8—底盘;9—主电动机;10—减速器;11—主轴套;12—内衬圈;13—短刮板;14—混砂转子

混砂时,长刮板从底盘铲起物料,短刮板也有向上翻动物料的作用;长刮板推动物料在底盘上形成环流;而且由于离心惯性力,物料在环流的同时也从底盘中心向围圈流动,这样就形成物料的圆周、内外和上下循环。

在围圈外侧上部的对称位置安装转子电动机,它通过 V 带及装在围圈横梁上的转子减速器使转子轴旋转。转子轴上装有三层叶片,每层三块均布,下面两层是上抛叶片,上面一层是下压叶片,叶片的工作表面也堆焊硬质合金。用螺栓将叶片固定在转子轴的叶片座上,磨损后极易更换。当叶片转动时,其冲击力对物料进行冲击的同时,上抛叶片使物料抛起,下压叶片则将物料压下,促进物料的垂直循环,下压叶片也有防止物料飞溅的作用。最下面一层叶片位于长刮板和短刮板之间,这样在叶片与长、短刮板交错时,又对物料施以剪切力,使料层产生两个剪切面。

在围圈顶部设置密封罩,罩顶面除留有加料及加水孔外,并设有自然通风管,以利于机盆内热气的排出。该混砂机采用气动抽屉式卸砂门。

(2) DISA 公司的 TM 系列。TM 系列混砂机由驱动装置、齿轮箱、底盘、双 S 型搅拌器、转子搅拌器、自动定量加水系统、称量斗及电气控制系统等组成，也可装配 SMC 型砂质量在线检测装置。双 S 型搅拌器和高速转子转动方向相反，而混砂机盘和导向叶片保持静止不动，这种运动和静止的组合保证了型砂被迅速强有力地混碾并达到均匀。混料时所有颗粒进行着上下及水平方向的运动，并不断地被混碾和松散。加料时，型砂混制的各个组分同时由一个出口进入混砂机达到预混的效果，省略了一般混砂机的预混时间。水分由径向直接射入混料，避免形成砂团。

（3）KW 公司的 WM 系列。该系列混砂机利用转子和两块不同角度安装的刮板共同对物料进行搅拌和混合。该混砂机有三只逆时针方向旋转的刮板，将型砂混合和翻动，并将物料推向其上的转子叶片区。刮板通过转子下部时，将型砂进行压缩和混合。图 5.13 所示为 WM4 - 180 型双转子式混砂机。

图 5.13　KW 公司的 WM4 - 180 型双转子式混砂机

2）底盘和围圈转动、固定转子混砂机

这类混砂机有水平式和倾斜式两种机型，其代表型号为 EIRICH 公司生产的 D 型（图 5.14）和 R 型，以及国产的 S18 系列，无锡锡南铸造机械股份有限公司、济南铸锻所捷迈机械有限公司、爱立许德昌机械（江阴）有限公司等均生产此类混砂机。图 5.15 为强力逆流混砂机示意图。

图 5.14　EIRICH 的 D29/D22 型混砂机

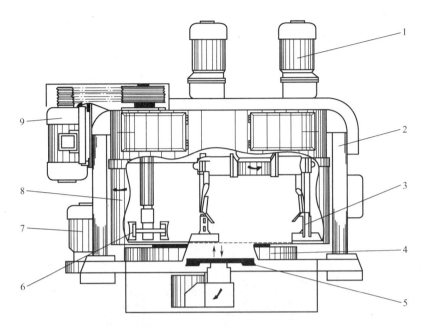

图 5.15　强力逆流混砂机示意图

1—刮板混砂器电动机；2—机架；3—刮板混砂器；4—大齿圈；5—卸砂门；
6—混砂转子；7—底盘转动电动机；8—围圈；9—混砂转子电动机

混砂机底盘放置在一个大型滚珠座圈上，由电动机通过一个扁平型减速器传动给装在底盘下面的大型齿圈，使底盘和围圈以 $6 \sim 10r/min$ 的转速沿顺时针方向转动。由机架支撑的混砂机顶盖是固定的，在上面安装两根传动轴并伸入机盆内，一轴上装刮板混砂器，另一轴上装有混砂转子。两轴均与底盘不同心并按逆时针方向转动。刮板混砂器有四块刮板，其安装高度、与水平面的倾角均不同，最下面的刮板与底盘接触，用于清理底盘上的积砂。刮板混砂器的转速为 $24 \sim 40r/min$，当它转动时，与它接触的物料就产生上下和内外的综合运动。混砂转子的转速为 $600r/min$ 左右，它对物料有强烈的冲击作用。

混砂时，底盘和围圈带动整个料层转动，连续为刮板混砂器和混砂转子供料。圆形卸砂门位于底盘中心，由液压装置驱动，当混制完毕，卸砂门先下落后转开，型砂即落在位于混砂机下的带式输送机上被送出。卸砂完毕，卸砂门先转回原处，然后上升关闭底盘上的卸砂孔。如果不用卸砂门，而在卸砂孔下安装一台圆盘给料机，则混砂机就可以一面加料、一面混合、一面卸砂，成为连续工作的混砂机。

这种混砂机一次加料量多，混合速度快，生产率高；但底盘传动及卸砂门机构比较复杂，高速转子也需要较大的混砂功率。

3）行星转子混砂机

这类混砂机的转子固定安装在回转臂上，转子在自转的同时也随回转臂一起绕混砂机转盘中心主轴公转，转子公转方向与自转方向相同。与转子同等数量的底刮板也固定在回转臂上，保证了转子对物料产生高速冲击、剪切和擦揉。由于转子和刮板不在同一垂直面上，转子叶片可以深埋砂层，贴近底衬板，充分发挥转子的混砂作用，提高了混砂效率和生产率。行星转子混砂机的转子有一个或多个，转子转速有恒速和变速两种。

行星转子混砂机的国产代表型号为 S16，混砂机结构图如图 5.16 所示。

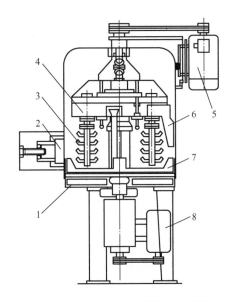

图 5.16 S16 系列行星转子混砂机结构图

1—底盘；2—卸料门；3—转子；4—转臂；5—转子驱动电动机；6—壁刮板；

7—刮板；8—转臂驱动电动机

DISA 公司生产的 SAM 系列行星转子混砂机如图 5.17 所示，它只有一只高速回转的转子，安装在低速旋转的回转臂上。回转臂的另一端装有壁刮板，底刮板则装在回转中心柱上。回转臂转动时，壁刮板和底刮板共同将砂流导向转子的工作区内混砂。

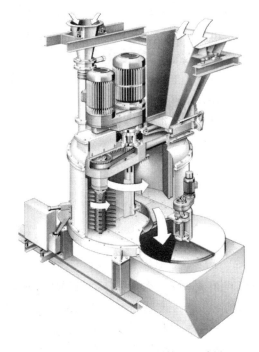

图 5.17 SAM 系列行星转子混砂机

5.2.6　新型混砂机

EIRICH 公司在底盘和围圈旋转、固定转子的混砂机的基础上开发了一种可以抽真空的真空冷却转子混砂机,真空度一般为 20～50kPa,利用负压下水的沸点降低、容易汽化、带走旧砂热量的原理,在 1.5min 内可使旧砂温度从 100℃降低至 40℃左右。

真空冷却转子混砂机除了兼有底盘和围圈旋转的固定转子混砂机的全部优点以外,还因采用机内真空冷却砂子,蒸发的水分经过热交换器冷凝回用,重新加入下一批物料中,成为水的来源,避免其他冷却方式加水时出现水蒸发后溶解物在砂中的不断沉积,增加砂子中的盐分,造成膨润土碱化现象。当然,这也省去了专为冷却热砂而设置的设备,对减少环境污染也有好处。同时,砂子在机内冷却不受环境温度和湿度的影响。而且在真空冷却期间,膨润土在蒸汽环境下被快速活化,型砂在混合和冷却之后即能获得高的、持续的抗压强度,型砂的其他性能也得到改善。但是,最明显的缺点是延长了整个混砂周期,混砂机生产率降低,而且对混砂机密封性能要求严格,设备的维护保养工作量大,要求也高。也正是由于上述这些缺点,真空冷却转子混砂机目前还没有被广泛采用。

5.3　树脂砂混砂机

不同于黏土砂的制备,树脂砂所用的树脂和固化剂都是黏度较低的液体,而且加入量少,型砂的固化速度快,可使用时间短。因此要求树脂砂混砂机的定量必须准确,混砂速度快,覆膜效果好,又不会使砂因强烈摩擦而发热。

树脂砂混砂机有间歇工作和连续工作两种类型,前者多用于批量不大的中小型铸件生产,后者则在大批量的生产中应用。连续混砂机多设计成长槽形,槽中有螺旋叶片,有混合和推进型砂的双重作用,目前有单通道和双通道之分。单通道连续混砂机只有一个混砂槽,在槽中加砂后先加入固化剂,混匀后再加入树脂,继续混制均匀后卸到砂箱中造型。双通道混砂机将砂加入两个槽中,一个槽中砂与固化剂混合,另一槽中砂与树脂混合,然后两种混合物进入两槽端部的高速搅拌器中混匀放出。

5.3.1　球形混砂机

球形混砂机是一种间歇工作的小型混砂机,如图 5.18 所示。当传动装置驱动主轴转动时,两个具有一定螺旋角的叶片也随之旋转,强烈搅拌球形机盆内的物料。球形机盆一方面可以避免物料流动的死角,另一方面物料在叶片的推动下沿球面上升,然后在重力的作用下翻滚下落,接着又被另一叶片抛起,于是物料在机盆内形成一个类似于"∞"字形的立体流动轨迹,能快速地将砂、固化剂和树脂混合均匀。混好后的树脂砂由气缸驱动的卸砂门卸出。

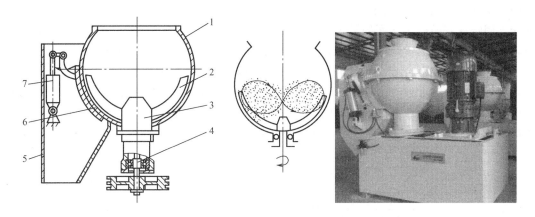

图 5.18　间歇工作的球形混砂机

1—机盆；2—叶片；3—连接头；4—主轴；5—卸砂槽；6—卸砂门；7—气缸

5.3.2　连续式混砂机

图 5.19 是 S25 系列双臂连续式树脂砂混砂机示意图。混砂机的长转臂相当于一个螺旋输送槽，回转半径为 3.5m。短转臂的回转半径为 2m，在其槽中有一装有叶片的六方轴，沿轴长可以分为三个工作区，即加砂区、混砂区和卸砂区。每区的工作性质不同，因而叶片与轴线间的夹角也不同，共有 0°、15°、45°和 75°四种。夹角为 75°的叶片其外缘与槽体的间隙为 2～3mm，其余叶片的间隙为 1～2mm。

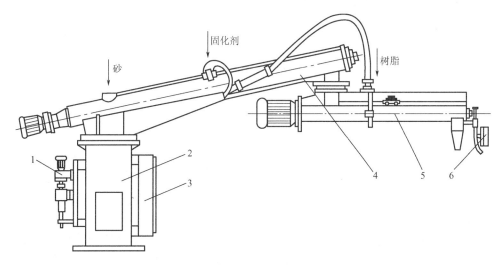

图 5.19　S2520 双臂连续式树脂砂混砂机示意图

1—固化剂（树脂）供给系统；2—机座；3—电气控制室；4—长转臂；5—短转臂；6—操作盘

新砂及再生砂按一定配比加入长转臂槽中，配比是根据对树脂砂的性能要求确定的。如要求抗弯强度高，则新砂的比例应高些；如只要求有较高的抗压强度，则再生砂应多一些，这样可以减少树脂和固化剂的加入量，从而降低型砂成本。配比的调节可通过配比可调闸门实现，如图 5.20 所示，它安装在双腔砂斗出口处，利用三块平板实现调节和闸门功能。固定在双腔砂斗下面的是定量板［图 5.20(b)］，板上有两个与砂斗出口对应、面积相等的出砂口，出砂口的宽度可以用 L 形调节板预先分别调整好。在定量板下面是配比调节板［图 5.20(c)］，它由电动推杆带动可以停留在事先定好的位置，以使它上面的两个方孔与定量板上的任何一个方孔对准，或者同时部分对准定量板上的两孔，这样就能改变出砂口的长度，从而改变出砂口的面积。在配比调节板下面是闸板，闸板由气缸驱动，启闭出砂口，使新砂及再生砂按一定比例加入混砂机中。

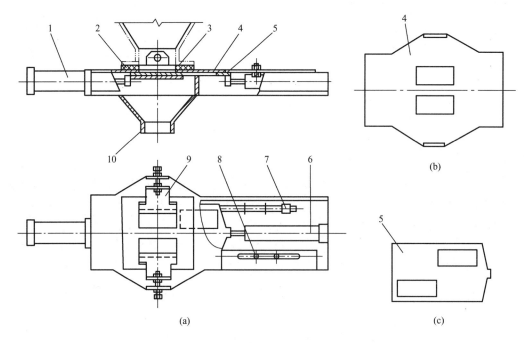

图 5.20 配比可调闸门

(a) 总图；(b) 定量板；(c) 配比调节板

1—闸板气缸；2—闸板；3—双腔砂斗；4—定量板；5—配比调节板；
6—电动推杆；7—感应铁；8—定位开关；9—L 形调节板；10—卸砂口

在配比调节板的一端两侧各有一根调节杆，调节杆上装有感应铁，感应铁在调节杆上的位置调整好后即可固定。在两个调节杆上方的适当位置分别安装三个和两个感应式定位开关，利用感应铁与定位开关的对应关系，即可确定配比调节板的停止位置，从而获得五种不同的新砂和再生砂配比。

树脂和固化剂等液体供应系统，利用流量脉动极小的螺杆泵、控制阀和液流传感器保证其定量的精确性。如图 5.21 所示，控制阀由主阀及单向阀组成，在启动螺杆泵的同时，单向阀关闭，主阀活塞右移，打开橡胶阀片，液体即通过主阀体及输出管道喷入长转臂或短转臂的槽中与砂混合。当达到定量要求，关闭螺杆泵时，主阀活塞立即左移，阀片堵住进液口，单向阀则滞后开启，使压缩空气将主阀内连同输出管道中的液体吹净。而这时在进液管内连同主阀体中仍充满液体，因此在下次定量时液体可以立即加入，无任何滞后现象，这样控制就能保证本次定量及下次定量的精确性。

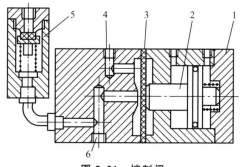

图 5.21　控制阀

1—主阀；2—活塞；3—橡胶阀片；4—接近液管；5—单向阀；6—接输出管

5.4　新砂烘干设备

在黏土砂湿型铸造车间，由于新砂加入量小，加之混砂质量有型砂在线检测仪控制，因此一般对新砂都不进行烘干处理，而是将过筛后的湿新砂直接使用。对型砂水分要求特别严格的造型和用于制芯砂，则应进行烘干处理。当前，造型砂厂能提供袋装干新砂，因此中小型铸造车间基本都不设置新砂烘干设备。

新砂烘干设备主要有热气流烘干装置、三回程滚筒烘干装置和振动沸腾烘干装置等。

5.4.1　热气流烘干装置

热气流烘砂是把砂的烘干和气力输送结合在一起。在吸送式气力输送中，用温度为 $400 \sim 500 ℃$ 的热空气，在砂粒悬浮前进输送的过程中，使每一个砂粒与热气流充分接触，使砂中的水分蒸发得以烘干。如图 5.22 所示，湿砂经给料器 2 送入喉管 4，热风炉 3 中的热空气进入喉管，将砂带入倾斜式或垂直式的烘砂管 5 中，湿砂在烘砂管内被热气流带着，以一定的速度悬浮上升，在此过程中湿砂得到干燥。

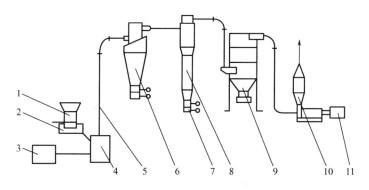

图 5.22　热气流烘干装置系统图

1—砂斗；2—给料器；3—热风炉；4—喉管；5—烘砂管；6—卸料器；
7—锁气管；8—旋风除尘器；9—湿法除尘器；10—风机；11—电动机

热气流烘干装置与砂的吸送装置系统基本相同，只是多一个热源装置，因此也需要有分离器、除尘装置、风机等。

热气流烘干装置结构简单，使用方便，把烘砂和气力输送结合起来，占地面积小；但动力消耗大，噪声大，生产率不高。热气流烘干装置适用于各种生产批量的铸造车间，尤其适合场地狭小场合和老厂房的改造。

5.4.2　三回程滚筒烘干装置

三回程滚筒烘干炉如图5.23所示，它主要由燃烧炉和烘干滚筒组成。

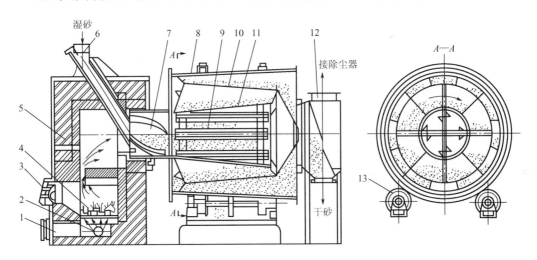

图5.23　三回程烘干滚筒烘干炉

1—出灰门；2—进风口；3—操作门；4—炉箅；5—炉体；6—进砂管；7—导向肋片；
8—外滚筒；9—举升板；10—中滚筒；11—内滚筒；12—沉降室；13—传动托轮

此烘干装置以煤、碎焦炭或煤气为燃料，由鼓风机将热气流吸入烘干滚筒，与筒内湿砂充分接触将其烘干。烘干滚筒由三个锥度为1∶10及1∶8的大小不同的滚筒套装组成，在内滚筒与中滚筒、中滚筒与外滚筒间，用轴向隔板焊成很多狭长通道，以增加湿砂与滚筒之间的接触面积，加强传导换热和辐射换热。外滚筒由四个托轮支撑，其中两个托轮是驱动托轮，靠摩擦传动使滚筒旋转。工作时，湿砂均匀地加入进砂管，由滚筒端部的导向肋片送入内滚筒中，举升板将其提升，燃后靠自重下落，与热气流充分接触进行热交换。湿砂在举升、下落的同时向内滚筒的大端移动，然后落入中滚筒的各通道中，最后落入外滚筒的各通道中。湿砂在通道中反复翻动，与滚筒和热气流充分接触进行烘干。烘干后的砂粒由外滚筒的大端卸出，经过一小型振动筛筛分后，就运送至砂斗储存。

由于滚筒是套装组成，既可保证砂粒的烘干行程，又减少了占地面积，而且传动平稳，运行可靠，消耗的动力不大。虽然高温气流先引入内滚筒与湿砂接触，待气流进入外滚筒时温度已有所降低，但烘干后的新砂温度仍较高，需降温处理。

5.4.3　振动沸腾烘干装置

如图5.24所示，振动沸腾烘干装置由热风系统、振动沸腾装置和除尘装置等组成。

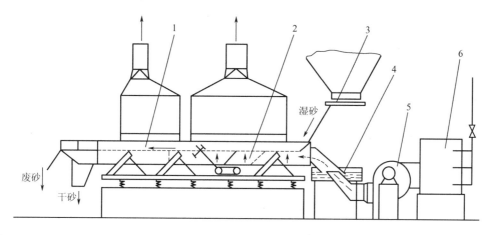

图 5.24　振动沸腾烘干装置

1—振动槽体；2—风箱；3—圆盘给料器；4—水封装置；5—风机；6—热风炉

热风系统是产生热气流的。风机将加热至200～300℃的热风送进振动沸腾槽体1的风箱2中，穿过振动沸腾槽的很多小孔吹到砂层，使砂层产生沸腾状态，砂与热气流充分接触，进行热交换，蒸发了砂粒表面的水分而使砂子得到烘干。由于烘干过程中会产生大量的水蒸气和粉尘，在振动沸腾槽上装有除尘罩，废气经由除尘器排出。

振动沸腾烘砂装置的烘干效果好，而且烘干、冷却在一个装置中同时完成，故多用于大型铸造车间。其缺点是占地面积较大，投资多，而且要求炉温控制在250℃以下，以免烧损设备。江阴爱立许公司生产的S65立式螺旋沸腾烘干冷却装置就可用于新砂烘干。

5.5　旧砂处理设备

由于旧砂中含有铸件浇冒口、铁片、铁钉和铁豆等铁磁性物质，以及芯头和碎木片等杂物，所以要经过磁分离、破碎和筛分等工序，去除旧砂中的杂质，将大砂块破碎。对于造型生产线上用的旧砂，由于循环周期短，砂温不断升高，需进行冷却降温。为了减少新砂的加入量，提高旧砂的使用性能，还需要进行旧砂再生。

5.5.1　磁分离设备

磁分离是旧砂处理的重要工序，从大量的旧砂中分离出少量的铁料，以达到保护设备和回收铁料等目的。为保证分离效果，磁分离要进行2～3次。第一次磁分离一般在落砂后进行，经过破碎和筛分工序后，需要再进行一次或两次磁分离，以便彻底清除。

铸造车间采用的磁分离装置，按结构形式可分为磁分离滚筒、磁分离带轮和带式磁分离机等；按磁力来源可分为电磁式和永磁式两大类。由于永磁分离设备结构简单，制造容易，磁场分布均匀，分离效果好，已经完全取代电磁分离设备。为了增强磁选效果，采用磁场强度3000Gs以上的强磁材料制造磁选设备。

1. 永磁分离滚筒

S95 是典型的永磁分离滚筒系列，其工作原理如图 5.25 所示，磁极与磁极底板粘结后，用非磁性螺钉固定在磁轭上，磁轭则安装在轴上不动，包有橡胶保护层及胶棱的滚筒由传动装置驱动旋转。

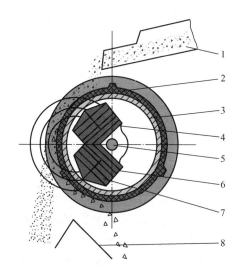

图 5.25　永磁分离滚筒的工作原理

1—给料机；2—橡胶保护层及胶棱；3—转动滚筒；4—固定磁轭；5—固定轴；
6—磁极底板；7—固定磁系；8—分料溜槽

工作时，由给料机或其他工艺设备均匀地向分离滚筒供应旧砂，使砂层厚度保持在 45～75mm，最大可达 100mm，旧砂因惯性落于滚筒左侧，而铁磁性物料则被固定磁系吸住，由转动滚筒及胶棱带至滚筒右侧，在脱离磁场后下落，这样就将砂与铁料分离。橡胶保护层可以使滚筒不受冲击和磨损，也能避免热砂粘附在滚筒上，胶棱的作用是迫使被磁系吸住的铁料运动。

2. 永磁带轮

永磁带轮作为带式输送机的传动滚筒，在转卸旧砂的同时进行磁分离工作。应按带式输送机的型式和规格选用永磁带轮。带式输送机的带速小于 1m/s，砂层厚度为 100mm 左右时，分离效果最好。永磁带轮的工作原理如图 5.26 所示，磁极为偶数，一般为 10 个，其中 N 极和 S 极按圆周间隔排列，沿轴向则每组极性相同。滚筒体采用非导磁性材料以避免磁短路，而磁极底板和磁轭则用导磁性好的低碳钢制成。当驱动装置带动永磁带轮转转时，随输送胶带一起运动的旧砂，在带轮处因惯性作用被卸至前方，其中的磁性物料则被旋转的磁系吸住，并随胶带一起转至滚筒下方，在脱离磁场后下落。

3. 带式永磁分离机

带式永磁分离机由一个平面永磁磁系及一个短的环形胶带机组成，它支撑或吊挂在带式输送机的上方，对输送过程中的物料进行磁分离。这种分离机的布置形式有两种，一种是与输送设备垂直布置，另一种是与输送设备平行布置，如图 5.27 所示。当旧砂在带式

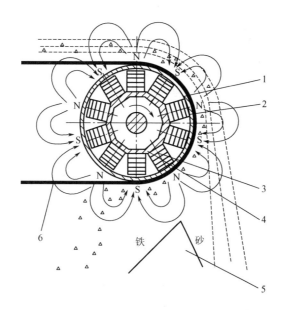

图 5.26 永磁带轮的工作原理

1—永磁带轮；2—传动轴；3—磁块组；3—磁极底板；5—分料溜槽；6—输送胶带

永磁分离机下面通过时，其中的铁料被磁系吸起，由带有胶棱的环形胶带拖离磁系，在废料斗上方落下。这种分离机的特点是磁系宽大，适于分离长、大铁料，因此多用于落砂后的第一次分离。带式永磁分离机可以安装在旧砂输送路线的任一地点，物料无落差问题；可以安装在带式输送机的水平段，需要时也可以安装在倾角不大于15°的倾斜段上。安装时应尽可能使磁系离砂层最近。

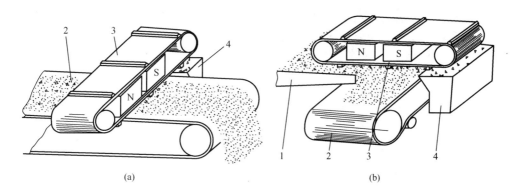

(a)   (b)

图 5.27 带式永磁分离机布置图

（a）垂直布置；（b）平行布置

1—振动输送机；2—带式输送机；3—带式永磁分离机；4—废料斗

5.5.2 破碎设备

对于高压造型、干型黏土砂、水玻璃砂和树脂砂的旧砂块，需要进行破碎。常用旧砂破碎机见表 5-2。

表 5-2 常用旧砂破碎机

名称	结　构	原　理	特　点	应用范围
片击	 1—机壳；2—转子；3—锤片； 4—销轴；5—传动轴	有两个相对旋转的转子，进入机中的旧砂块被悬挂于转子的耐磨锤片打击破碎，未被破碎的砂块则高速飞向中心料流并与之相撞，再次在锤片的打击下破碎，破碎后的砂子从机底部排走	破碎能力强、工作平稳、适应性强和结构紧凑。有双转子和单转子两种	一般安装于带式输送机的旧砂转卸处
反击	 1—转子；2—破碎锤； 3、4—反击板；5—固定筛板	砂块在破碎锤与两反击板之间被敲击、碰撞而破碎	结构较复杂，磨损后维修量大，使用不多	用于干型、水玻璃砂型及树脂砂型等的砂块破碎
双轮	 1—防尘罩；2—电动机； 3—破碎轮	砂块经过同向、同速旋转的两笼形破碎轮，由后轮抛向前轮，受撞击而破碎	结构简单，使用方便	用于黏土湿型砂破碎
振动	 1—格栅；2—废料口； 3—砂出口；4—振动电动机； 5—弹簧；6—异物出口	砂块在振动惯性力作用下，受振击、碰撞和摩擦而破碎	振动破碎，不怕卡死，使用可靠	用于树脂砂砂块破碎

5.5.3　筛分设备

　　旧砂过筛的主要目的是筛除其中的芯块、砂块及其他非金属杂物；过筛也使旧砂更为松散，使成分、水分和温度更为均匀，并能排除部分粉尘。砂处理系统中常用的筛分设备有滚筒筛和振动筛。

当物料过筛时，影响过筛效率的主要因素为被筛物料相对于筛网的运动方向和物料相对筛网的速度。物料运动的方向垂直于筛网是最有利的筛法，此时物料颗粒有最大可能穿越筛孔；而物料运动方向顺着筛网是最不利的情况，此时物料颗粒很难穿过筛孔。为使物料颗粒能通过筛孔，颗粒越小，则物料对筛的运动也应越小。对于微小的颗粒，筛孔与颗粒之比应较大，这也就是为什么一般筛网采用长方形筛孔并将筛孔较长尺寸置于物料沿筛网运动的方向的原因。

1. 滚筒筛

滚筒筛由筛网构成圆形、圆锥形或六角形滚筒，绕其水平轴或倾斜轴旋转，如图 5.28 所示。六角滚筒筛的过筛效率大于圆筒筛，因为当六角筛转动时，砂粒除平行于筛网运动外，还有从倾斜的筛网落向水平筛网时，接近于垂直筛面的运动。

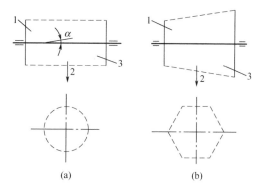

图 5.28 滚筒筛的形式

（a）圆柱形；（b）角锥形

1—进料口；2—出料口；3—筛出物出口

滚筒筛工作平稳可靠，无振动，噪声小，当需要将筛砂机安装在较高的平台上时更为合适。但滚筒筛的结构比较庞大，在进料和出料间的落差较高时会给砂处理系统的布置带来一定困难。

滚筒破碎筛结构示意图如图 5.29 所示，它兼有破碎砂块和过筛的双重作用，它由套装在一起的内、外滚筒组成，滚筒均用钢板制造。在内滚筒上遍布小孔，相当于筛网，其内表面上有提升叶片和输送叶片；外接筒的内表面则只有输送叶片。

工作时，依靠托轮的摩擦传动使滚筒旋转，物料由进料口均匀给入，由滚筒端部的分配叶片迅速将其送进筒内，靠物料与筒壁间的摩擦力及四块提升叶片的作用，将物料举升到一定高度，然后下落，冲击到内滚筒上，使砂块破碎和过筛。内滚筒的输送叶片使物料前进并分布于整个滚筒长度上，外滚筒的输送叶片则将过筛后的物料推向卸料口。滚筒破碎筛连接通风除尘系统，对旧砂有一定的冷却和除尘作用。它适于高紧实度造型的旧砂破碎和过筛。

2. 振动筛

砂处理系统中常用的振动筛有两种，即单轴惯性振动筛和振动电动机筛，如图 5.30 所示。

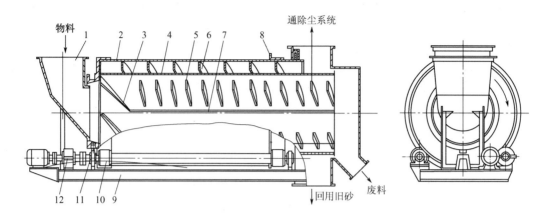

图 5.29　滚筒破碎筛结构示意图

1—进料口；2—外滚筒；3—分配叶片；4—内滚筒；5、6—输送叶片；
7—提升叶片；8—导轨；9—机架；10—托轮；11—导轮；12—传动装置

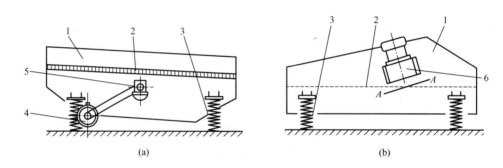

　　　　　　　　(a)　　　　　　　　　　　　　　　　　(b)

图 5.30　振动筛工作原理图

（a）单轴惯性振动筛；（b）振动电动机筛

1—筛体；2—筛网；3—弹簧；4—电动机；5—可调偏重；6—振动电动机

　　单轴惯性振动筛的传动轴旋转时，装在轴两端的可调偏重产生离心惯性力，使筛体在弹簧上作周期性振动。处于筛网上的物料，由于筛网施给的惯性力被抛掷向上，然后靠自重下落过筛。因为物料的运动方向与筛网近于垂直，而且振动频率高对物料有分层作用，小颗粒在下面易于过筛，筛网也不易堵塞，因此振动筛的过筛效率高。单轴惯性振动筛结构简单，不需要专门的电动机，电动机不参振，振幅大而功率消耗少。

　　振动电动机筛是一种直线振动筛，它将两个转速相同、转向相反的振动电动机倾斜地固定在筛体的两个侧壁上，振动电机的轴线与 A—A 线垂直。当起动后，两个振动电动机轴端部的偏重在 A—A 方向的激振力叠加，而在垂直于 A—A 方向则互相抵消，物料即沿 A—A 方向被抛起，再下落，一面向前运动，一面过筛。

　　振动筛的高度比滚筒筛低，结构紧凑，物料落差小。它的偏重多设计成可调的，以便能按工艺要求，调节激振力的大小。

5.5.4　冷却设备

　　目前，对旧砂降温普遍采用增湿冷却的方法，即用雾化方式将水加入热旧砂中，经过冷却装置，使水分与热砂充分接触，吸热汽化，通过抽风将砂中的热量除去。常用的旧砂冷却设备有双盘搅拌冷却机、振动沸腾冷却装置、冷却提升机、冷却滚筒等。

1. 双盘搅拌冷却机

双盘搅拌冷却机如图 5.31 所示，它由两个相同直径的圆盘相交组成底盘，每个底盘上都有一个搅拌器，它们的转速相同但转向相反。每个搅拌器有五块刮板，即内刮板、外刮板、壁刮板与两个中刮板。刮板的安装角度和高度不同，当搅拌器转动时，刮板就将物料上下、内外地翻腾搅拌。经过磁选、过筛、增湿的旧砂由加料口均匀加入，在搅拌器的作用下一面搅拌，一面按 8 字形路线在两个盘上反复运动。由鼓风机吹来的冷空气，经过变截面风箱及围圈上的进风管进入冷却机内，吹向翻动的砂层，冷风与温热砂充分接触进行热交换，使砂冷却。含尘的湿热空气经过上部的沉降室沉降较大的颗粒后，由排气系统排出。及时排出湿热空气也促进水分的蒸发，加速冷却过程。

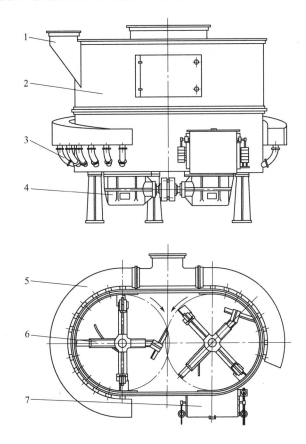

图 5.31 双盘搅拌冷却机

1—加料口；2—沉降室；3—进风口；4—减速器；5—风箱；6—搅拌器；7—卸料口

旧砂在盘上的停留时间是影响冷却效果的因素之一，这由加料量和卸料量间的关系决定。卸砂门靠杠杆和重锤的作用处于常闭状态。当底盘上砂量增加，对卸砂门有一定的侧压力，能克服重锤的作用时，卸砂门开启卸砂。移动重锤在杠杆上的位置，可以调节卸砂量的多少。

双盘搅拌冷却机具有增湿、冷却和预混三重作用。

德国 KW 公司生产的 ASK 双盘冷却机有全套自动控制系统，如图 5.32 所示，该系统用于砂流量、风量的测量和调节；保证加水量和出砂湿度的控制和调节；通过砂处理设备的可编程序控制系统进行数据采集、分析和控制驱动装置。

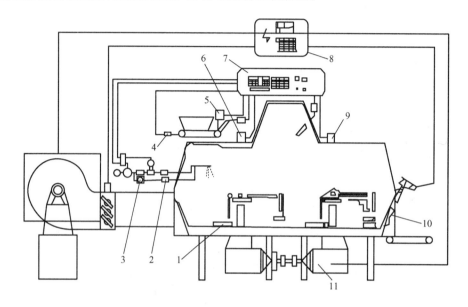

图 5.32 带自动控制系统的 ASK 冷却机结构原理图

1—测温探头；2—水阀；3—水量测量装置；4—皮带步进计数器；5—砂流探测开关；6—温度传感器Ⅱ；
7—湿度控制调节单元；8—回砂冷却器控制柜；9—温度传感器Ⅰ；10—卸料门；11—驱动装置

2. 振动沸腾冷却装置

气体通过固体颗粒流动，使团体颗粒呈现出类似于流体状态，称为流态化。在铸造生产中利用流态化方法实现新砂烘干、热砂冷却和热法再生工作。

流态化的基本原理如图 5.33 所示，当气体自下而上通过一个在多孔板上的颗粒床层时，可能出现三种情况。

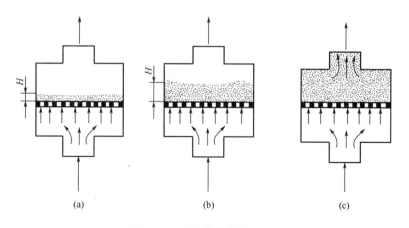

图 5.33 流态化的基本原理
（a）固定床；（b）流态化；（c）气力输送

当气体流速较低时，颗粒不动，床层高度无变化，气体通过颗粒间的不规则通道流出，这时称为固态床，如图5.33(a)所示。

当气体流速增加时，颗粒开始松动，但不能自由运动，床层略有膨胀。如果流速再增，颗粒被气体吹起并悬浮于气流中自由浮动，颗粒间相互碰撞混合，床层高度上升，床层中的颗粒不再由多孔板支持，而是全部由气体承托，每个颗粒也不再依靠与其邻近颗粒的接触维持其空间位置。这时整个床层呈现出类似流体的状态，如将容器倾斜时，床层上表面仍保持水平；两个床层相通时，颗粒可以从高床层流向低床层并调整至同一水平。这种状态的颗粒床层称为流态化床，或称沸腾床，如图5.33(b)所示。流态化床具有明显的上界面，也有一定的密度、热导率、比热容和黏度。

当气体流速再继续增加，达到某一极值时，流化床的上界面消失，颗粒分散悬浮于气流中，并被气流带走，这种状态就是气力输送，如图5.33(c)所示。

振动沸腾冷却装置结构如图5.34所示，由气体沸腾和振动沸腾实现物料的流态化。它的振动槽体用多孔板隔成上下两个部分，上部通过物料，下部是风箱，气体经过风箱及多孔板使物料流态化，用振动电动机使槽体产生直线振动，将处于多孔板上的物料不断地抛向斜上方，既将物料向前运送，又增强了气体流态化的作用，而且可以克服气体流态化可能产生的不沸腾区和局部料层被吹穿的缺点。

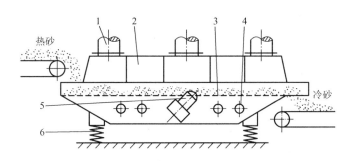

图5.34 振动沸腾装置结构
1—排气系统；2—槽体；3—多孔板；4—进气孔；5—振动电动机；6—弹簧

DISA公司生产SKA系列振动沸腾冷却装置不设机外增湿装置，而由一套电子检测温度系统控制的多级喷水系统在床内向热砂喷水，如图5.35所示。

3. 冷却提升机

冷却提升机兼有提升和冷却旧砂的双重作用，其结构示意图如图5.36所示。

经过磁选、增湿、筛分以后的热砂，被均匀地送入冷却提升机中。提升带是一条环形耐热橡胶带，在带上每隔175mm用硫化加压法胶合上胶棱，利用胶棱提升热砂。因为带速较高，以及调节板的挡砂作用，提升的部分砂被挡回，呈松散状态下落，另一部分砂被抛向卸料口排出。变动调节板的位置，可以调节回落砂和卸出砂的比例，以满足冷却效果和生产率要求。旧砂在提升和回落过程中，与由壳体上进入的冷空气充分接触，以对流形式换热使砂冷却。热湿空气经过冷却提升机上部排至旋风除尘器。落到提升机底部的冷砂与送入的热砂混合，也有一定的冷却效果。

冷却提升机占地面积小，对砂处理系统的布置极为有利，但是由于热砂在机中停留时间较短，冷却效果不甚理想，而且维修也不方便。

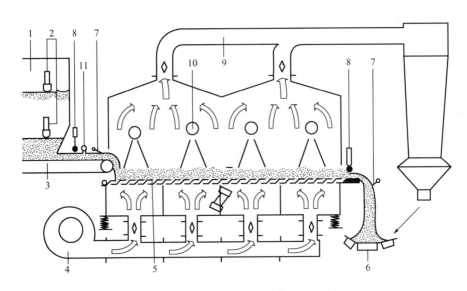

图 5.35　SKA 系列振动沸腾冷却装置结构

1—料斗；2—料位计；3—带式给料机；4—鼓风机；5—振动沸腾床；

6—带式输送机；7—砂流量计；8—温度传感器；9—除尘管；10—加水喷头；11—湿度传感器

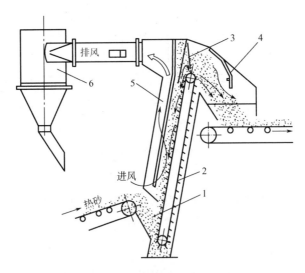

图 5.36　冷却提升机结构示意图

1—受料口；2—提升带；3—调节板；4—卸料口；5—进排风通道；6—旋风除尘器

4.冷却滚筒

冷却滚筒内胆沿水平方向有一倾斜角，壁上焊有筋条。型砂入口处设有鼓风装置；筒体内设有测温及加水装置。滚筒体由电动机带动以匀速转动。

其工作原理是：振动给料机向滚筒内送入铸件和型砂的混合物。滚筒旋转时会带着铸件和型砂上升，铸件、型砂升到一定高度后因重力作用而下落，和下方的型砂发生撞击。铸件上粘附的型砂因撞击而脱落，砂块因撞击而破碎。与此同时，设在滚筒内的砂温传感器检测型砂温度，加水装置向型砂喷水，鼓风机向筒内吹入冷空气。在筒体旋转过程中，水与高温型砂充分接触，受热汽化后的水蒸气由冷空气吹出。因内胆倾斜，连续旋转的筒体会使铸件、型砂向前运动。最后铸件和已冷却的型砂由滚筒出口处分别排出。

该机具有冷却效果好，噪声小，粉尘少，操作环境好的优点。其缺点是仅适合于小型铸件，不能用于大型铸件。

为获得比较理想的冷却效果，加水装置一般采用雨淋式。为防止铸件因激冷而产生裂纹，加水装置一般设在筒体的中间部位。自动加水的控制方法主要有检测筒体出口处的砂温，检测粉尘气体的温度，预先设置砂铁比与加水量的关系，在筒体中间抽取少量型砂测温。

5.5.5 再生设备

1. 旧砂再生概述

旧砂再生就是用物理、化学、机械或加热的方法将包覆在砂粒表面的残余粘结剂膜去掉，使砂粒基本上恢复到加入粘结剂以前的原砂状态。

灼烧减量（LOI）是衡量残留粘结剂量和再生效率的重要指标。灼烧减量越小，脱膜越干净；但是也并非灼烧减量越小，就表明再生砂的综合质量越好。过分地强调降低灼烧减量，将导致再生时间延长，使砂粒破碎和细化。

砂铁比和铸件冷却时间对灼烧减量有着重要的影响。树脂自硬砂型在浇注后，型砂离铸件远近不同，受热情况和灼烧减量也有差异，如图 5.37 所示。由此可知，如果砂铁比小，铸件的冷却时间长，则自热再生区所占的比例较大，而未受热区所占比例将会减小，从而能提高再生效率。因此视铸件的具体情况，树脂自硬砂的砂铁比应尽可能小于 5：1。

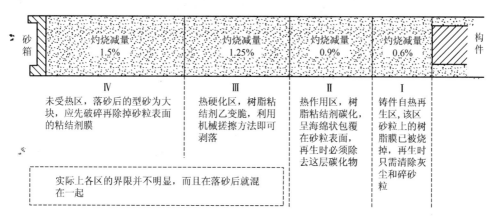

图 5.37 树脂自硬砂浇注后的砂型断面示意图

根据再生原理可将旧砂再生分为干法再生、湿法再生、热法再生、化学法再生四大类。

干法再生是利用空气或机械的方法将旧砂粒加速至一定的速度，靠旧砂粒与金属构件间或砂粒互相之间的碰撞、摩擦作用再生旧砂。干法再生的设备简单、成本较低；但不能完全去除旧砂粒上的残留粘结剂，再生砂的质量不太高。

湿法再生是利用水的溶解、擦洗作用及机械搅拌作用，去除旧砂粒上的残留粘结剂膜。湿法再生对某些旧砂的再生质量好，旧砂可全部回用；但其系统结构较大、成本较高，而且存在污水处理回用问题。

热法再生是通过焙烧炉将旧砂加热到 800～900℃后，除去旧砂中可燃残留物的再生方法。此法再生旧砂效果好、再生质量高；但能耗大、成本高。

化学法再生，通常是指向旧砂中加入某些化学试剂（或溶剂），把旧砂与化学试剂（或溶剂）搅拌均匀，借助化学反应来去除旧砂中的残留粘结剂及有害成分，使旧砂恢复到或接近新砂的物理、化学性能。对某些旧砂，化学再生砂的质量好，可代替新砂使用；但因成本较高，应用受到限制。

2. 旧砂再生设备

1）振动落砂破碎再生机

图 5.38 所示为具有落砂、破碎和再生功能的振动再生机，两个安装于筒体下部的振动电动机为动力源，振动电动机与筒体轴线呈 45°角，两电动机的轴线又互相交叉。起动振动电动机后，筒体既沿垂直方向振动，又绕其轴线作扭转振动，这两种振动的合成使筒内物料呈涡旋状运动。再生机工作时，由于筒体及落砂框的振动完成落砂工作，小于落砂栅床孔的砂落到下面的筛格上，砂团块则留在栅床上被进一步破碎。筛格上的物料作涡旋抛掷运动，相互间碰撞和摩擦使砂粒脱去树脂膜，也使小砂团继续破碎。小于筛格的砂粒落在底盘上继续作涡旋运动，进一步脱膜，然后进入螺旋槽盘旋向上，最后从出砂槽排出。定期打开排料门，将杂物排入废料槽。

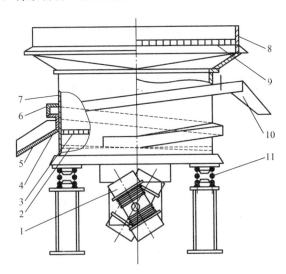

图 5.38 振动落砂破碎再生机

1—振动电动机；2—底盘；3—筛格；4—排料门；5—废料槽；6—螺旋槽；7—筒体；
8—落砂框；9—落砂栅床；10—出砂槽；11—弹簧

该类再生机的特点：①物料在筒内一直处于振动状态，强化了物料间、物料与筒体间的冲击和摩擦，工作效率高；②具有多种功能，结构紧凑，占地面积小。在使用时应控制加砂量，一般加砂为50％左右时，再生效率最高，加砂量超过80％时再生效率会明显下降。

2）离心撞击式再生机

离心撞击式再生机的工作原理如图5.39所示，这种装置是由若干个结构相同的单元沿垂直方向串联组成的，图中仅表示其中的一个单元。经过净化和散粒化的砂从受料斗落向给砂盘，再均匀地落入回转盘，在高速旋转的回转盘离心力作用下，砂以30～40m/s的速度被抛向固定的环形挡板。高速砂流冲击到环形挡板上，并沿其内壁旋转，使砂粒间、砂粒与挡板间产生冲击和摩擦，然后落入下一单元的受料斗。如此经过几个循环，使树脂膜逐渐脱落，达到再生目的。高速旋转的风翼使吸入的空气以高速穿过下落的砂流，带走粉尘并从上部排入除尘器中。

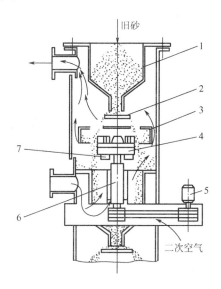

图5.39 离心撞击式再生机的工作原理

1—受料斗；2—给砂盘；3—环形挡板；4—回转盘；5—电动机；6—轴承；7—风翼

3）离心摩擦式再生机

离心摩擦式再生机的工作原理如图5.40所示，与离心撞击式再生机的工作原理相似。其工作原理如下：回转盘将砂抛至边缘并沿抛物线轨迹抛出，砂进入固定环，和固定环里的积砂进行摩擦和撞击，然后反射到顶面，和撞击环再一次进行撞击，一部分再生砂从回转盘和固定环之间的间隙排出，另一部分则再一次进入回转盘，进行第二次再生。

在再生过程中，由于砂和砂之间的摩擦占据了主要位置，因此称为摩擦式再生机。该类再生机对质量较差的原砂不易发生破碎。

4）研磨式再生机

如图5.41所示，研磨式再生机工作原理如下：滚筒以7～15m/s的速度回转，将一个自由回转的滚子的轴线和滚筒平行放入滚筒的中心，两者具有25mm的偏心距。当从加入口将物料加入滚筒和滚子之间，砂被滚筒带动而回转，砂进入滚子和滚筒之间的窄缝时，砂受到强烈的摩擦和研磨而获得再生。

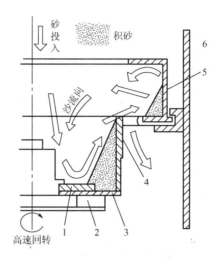

图 5.40　离心摩擦式再生机的工作原理

1—回转盘衬；2—风翼；3—回转盘；4—回转盘边缘；5—固定环；6—外壁

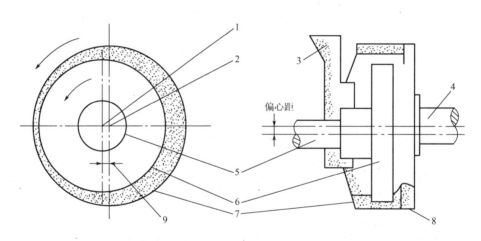

图 5.41　研磨式再生机内部结构

1—固定轴中心；2—轴驱动中心；3—加砂口；4—驱动轴；

5—固定轴；6—自由回转滚子；7—滚筒；8—再生砂出口；9—偏心距

5）气流式再生机

如图 5.42 所示，由风箱进入的空气使砂粒浮升，压缩空气由喷嘴喷向升砂管，并带动砂粒通过升砂管射向挡板。砂粒在升砂管内流动时，与管壁产生摩擦，而且使靠近管壁处的砂速低于管中心处砂速，砂粒间也互相摩擦。当气流带动的砂粒冲向挡板时，砂粒与挡板产生强烈冲击，这些摩擦和冲击作用使树脂膜逐渐破裂而脱落。

气流继续上升，经过分级挡板和调节挡板使其中的小砂粒回落，粉尘被排出。调节挡板的目的是排走粉尘但留下小砂粒，因此应根据对再生砂的粒度要求调节挡板的高低位置。落到流砂板上的砂粒，一部分通过再生砂出口进入下一个再生单元，一部分经过流砂板上的缝隙落回混合室，重新被气流提升，再经历一次再生处理。

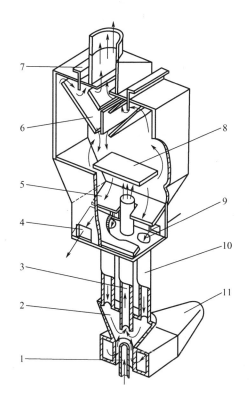

图 5.42 气流再生单元

1—喷嘴；2—混合室；3—升砂管；4—再生砂出口；5—流砂板；6—分级挡板；7—调节挡板；
8—挡板；9—进砂口；10—落砂管；11—风箱

气流再生机一般由几个再生单元组成，改变串联的再生单元数量，就可以改变重复再生的次数，使树脂砂经过多次摩擦和冲击，满足对再生砂的质量要求。增加并联再生单元的数量，可以提高再生机的生产率。对于树脂自硬砂，一般串联 2 个单元；对于水玻璃砂，则需要串联 4～6 个单元。

6）热法再生装置

图 5.43 是一种热法再生装置的示意图，需再生的砂被螺旋给料机均匀地从砂斗中送入焙烧沸腾床，并由床左端向右端移动。燃气从沸腾床下部进入，与砂粒充分接触进行焙烧。焙烧后的砂粒由沸腾床右端的溜砂管落到预冷沸腾床上，该床有两层，其下部由鼓风机鼓入冷风，冷风与热砂进行热交换，将砂冷却，使风预热。预冷沸腾床上层的砂粒经其左端的溜砂管落入下层，然后进入埋有冷却水管的冷却沸腾床，冷却后经筛砂机筛分后送走。

3. 再生砂冷却调温设备

再生砂的冷却调温是再生过程后处理阶段的重要环节。将经破碎再生后的砂子（70～180℃）冷却到接近室温（25～30℃）时，硬化剂的用量最少，树脂砂的流动性好，砂型和型芯易于紧实，其强度会明显提高。

图 5.44 是组合式流态化冷却装置简图，该装置具有进一步去膜、冷却调温、粉尘分离等多种功能。在冷却器体内相间设置上隔板和下隔板，将冷却器体分成若干迷宫式小

室。冷却水管呈蛇形布置，每排水管均与总进水管、总排水管相通，由专用的并可调节水温的供水系统供水。冷却器底部装有多排旋流状进风嘴。

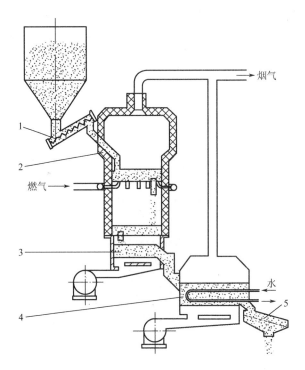

图 5.43　热法再生装置示意图

1—螺旋给料机；2—焙烧炉；3—预冷沸腾床；4—冷却沸腾床；5—筛砂机

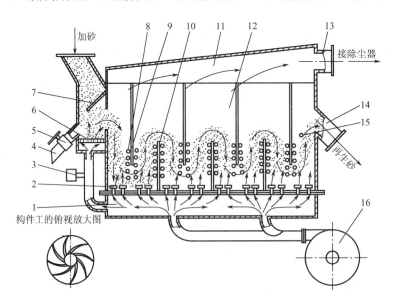

图 5.44　组合式流态化冷却装置简图

1—风箱；2—风嘴；3—压力调节阀；4—溢流管；5—排料阀；6—沸腾板；7—挡板；8—冷却水管；
9—上隔板；10—下隔板；11—沉降室；12—冷却器体；13—除尘器接头；
14—卸砂溜管；15—测温计；16—鼓风机

工作时，砂由加砂口落到沸腾板上，鼓风机使气流通过沸腾板将板上的砂流态化，然后从挡板下方进入冷却器内。压力调节阀用于调节进入沸腾床的气流压力，使砂处于稳定的流态化状态。进入冷却器内的砂被经风嘴鼓入的旋转气流推动，从上隔板的下方进入右邻的小室，然后又被另一排风嘴的气流推动，越过下隔板的上端进入下一个小室中。于是砂一面沸腾，一面向右移动，而且不断地与各小室中的冷却水管接触进行热交换，将砂逐渐冷却。在砂流态化过程中，砂粒间彼此摩擦，可以去除残留的树脂膜，粉尘则随气流经过除尘系统排出，冷却后的砂由卸砂溜管放出。冷却后的砂温由装在卸砂溜管附近的测温计测量，并根据测量结果调节冷却水水温和流量。

5.6 机械化运输设备

造型材料的输送有机械输送和气力输送两种方式。机械输送所用的设备有斗式提升机、带式输送机、振动输送机和螺旋输送机等；气力输送分为吸送和压送两大类。

5.6.1 斗式提升机

斗式提升机（图 5.45）用于垂直提升散粒状物料，它实际上是一个垂直运行的带式输送机，在胶带上等距离地用螺栓固定着用钢板或尼龙制造的料斗。从提升机下部的加料溜槽加料，在提升机顶部靠离心惯性力和重力卸料。料斗有深斗和浅斗两种，料斗的形状应有利于装满物料，也便于卸净物料。砂处理系统提升的旧砂因有一定黏性，故一般用浅斗。斗式提升机不适于提升潮湿、黏性大的物料，因为这样的物料容易粘在斗内，既影响生产率，又难以清理。斗式提升机的最大特点是占地面积小，而提升高度可达 30～40m。在选择和使用斗式提升机时，应注意下述问题：

（1）运送的物料应干燥、松散，如提升旧砂，一定要经过磁选、破碎和冷却处理后，再均匀地送入加料溜槽中。

（2）为使物料直接流入料斗中，从加料溜槽底到改向滚筒的中心线，应有三个料斗距，即应有四个料斗等待接料，加料溜槽与水平夹角应大于 60°。

（3）为防止水汽凝结，斗式提升机的顶部应设置通风除尘装置，随时将热气及粉尘排出。

5.6.2 带式输送机

带式输送机在铸造车间用于输送新砂、旧砂和型砂。目前，带式输送机已进行了很多改进。例如，输送机头轮采用鼓形人字花纹硫化铸胶滚筒，轴装减速器传动；尾轮为鼠笼式，不粘砂、不跑偏，轮内有自动排砂结构，取消刮砂器，并装有安全测速装置，超载打滑时联锁保护等。为了检测皮带跑偏程度，在头尾轮两侧还装有激光测距仪，并与电控联锁。另外，输送机一侧还装有红色急停拉线开关安全绳，发生意外时可及时拉线紧急停机。

带式输送机的缺点是爬坡能力差，用它提升物料将会占用很大面积，需要更多的支架。

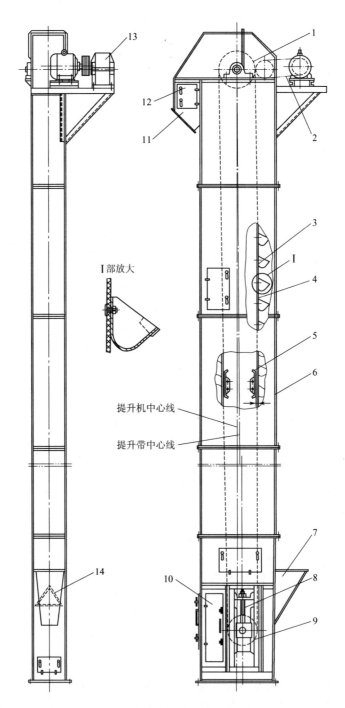

图 5.45　斗式提升机

1—传动滚筒；2—三角胶带；3—料斗；4—胶带；5—导向板；6—机壳；7—加料溜槽；8—张紧装置；
9—改向滚筒；10、12—工作门；11—卸料口；13—减速器；14—挡砂板

在选用带式输送机时，要根据输送物料的特点、输送机的布置形式、卸料方式和运输量选择合理的带速，计算胶带宽度，确定电动机功率。但由于受许多不确定因素的影响，

计算带宽只能供参考，实际选用输送机的带宽时，应尽量选大些，以减少输送过程中的漏砂。常用的带宽为 500mm、650mm、800mm、1000mm、1200mm 和 1400mm。

带式输送机的常见布置形式如图 5.46 所示，平带机的最大安装倾角为 12°，大倾角波状挡边带式输送机的最大安装倾角为 90°。

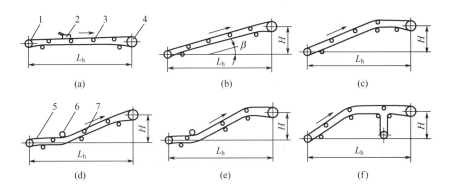

图 5.46　带式输送机的布置形式

（a）水平式；（b）倾斜式；（c）倾斜-水平式；（d）水平-倾斜式；

（e）水平-倾斜-水平式；（f）倾斜-水平式（用垂直拉紧装置）

1—改向滚筒；2—卸料器；3—上托辊；4—传动滚筒；5—胶带；6—改向压轮；7—下托辊

带式输送机的驱动方式有电动机通过座式减速器驱动（如 TD75 型）、轴装式减速器驱动（如 Y33 系列）和油冷滚筒（如 TDY75）驱动。座式减速器驱动占用地面面积大；油冷滚筒虽然设备结构紧凑，但是保养维修不便，滚筒内传动小齿轮易磨损，对润滑要求严格。以上两种目前使用较少。轴装式减速器占用空间尺寸小，安装维修方便，使用广泛。

带式输送机的上托辊形式决定了输送带的断面形状是平形还是槽形，如图 5.47 所示。

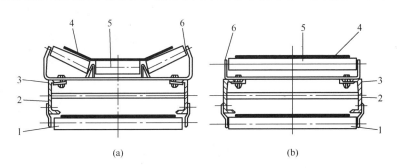

图 5.47　托辊形式

（a）槽形托辊；（b）平形托辊

1—下托辊；2—槽钢；3—压板；4—胶带；5—上托辊；6—上托辊支架

对于散粒状物料，多采用槽形托辊，物料不易撒落。上托辊的节距根据工艺要求决定，一般槽形托辊的节矩大于平形托辊，以便承受较大的物料压力。下托辊因不承受载荷，均是平形，并且节矩较大。上托辊支架用压板和螺栓夹紧在槽钢上，对托棍的安装和调整十分有利。

带式输送机有端部卸料和中间卸料两种方式，中间卸料采用犁式卸料器，如图 5.48 所示，它又有单面卸料及双面卸料之分，用手动或气缸将犁落在胶带上即可卸料。在多点同时卸料时，可将前面的犁不完全落下，使它能一面卸料，一面让一部分物料通过。

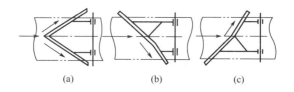

图 5.48　犁式卸料器

（a）双面卸料；（b）右侧卸料；（c）左侧卸料

5.6.3　振动输送机

振动输送机用途很广，在铸造车间可用于输送砂子、粉料，也可代替鳞板带输送铸件等。振动输送机的振动处于亚共振区，在槽体作用下，物料上升的垂直加速度大于物料向下的重力加速度，从而减少了输送过程中物料对槽板的磨损。输送机安装则有水平和爬坡两种。

新型的振动输送机应具有如下功能：①在输送物料的同时可以完成筛分、冷却、干燥、脱水、加热、混合等多种工艺过程；②对物料适应性强，可输送各种不同性质的物料；③可实现全封闭输送，减少环境污染；④输送距离从几米到几十米，不仅可直接输送，而且输送槽可做成弧形或环状，以改变物料的流向或简化工艺布置。

振动输送机有弹性连杆式和振动电动机式之分。图 5.49 所示为双质体弹性连杆式振动输送机。

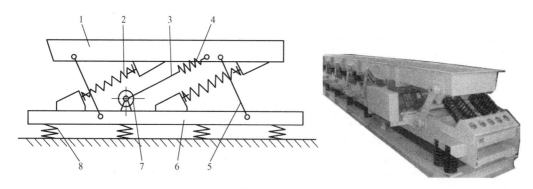

图 5.49　双质体弹性连杆式振动输送机

1—工作槽体；2—主振弹簧；3—连杆；4—连杆弹簧；5—导向杆；6—机架；7—曲柄；8—隔振弹簧

工作槽体通过导向杆和主振弹簧与机架连接，机架经过隔振弹簧安装在基础上。装在机架上的电动机通过 V 形胶带与曲柄轴连接；连杆的一端与曲柄铰接，另一端经过连杆弹簧与工作槽体连接，组成弹性连杆激振系统。起动电动机，曲柄旋转使连杆往复运动，连杆通过其端部的弹簧使槽体沿导向杆所确定的方向作近似于直线的振动，这样就使槽体上的物料连续地向前运送。由于有隔振弹簧，可以减轻由于机架振动传给基础的惯性力。如果将机架直接安装在基础上，就是单质体弹性连杆式振动运输机，这时工作槽体会引起基础振动。

振动电动机式输送机的工作原理与振动电动机筛相同，在此不再详述。

5.6.4 螺旋输送机

螺旋输送机的结构如图 5.50 所示，它有水平输送和垂直输送两种方式，主要用于全封闭输送黏土粉和煤粉等粉状物料。为防止螺旋轴弯曲，螺旋和槽体是分段制造的，每段长 2～3m，然后用法兰连接。对于长螺旋轴，设有中间轴承，由于在此处螺旋中断，中间轴承又占据一定空间，所以槽体中物料的填充系数应小于 50%。螺旋输送机结构简单，外形尺寸小，便于布置，可以单点或多点卸料。

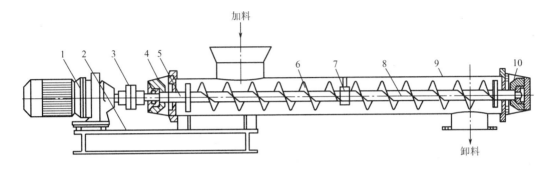

图 5.50 螺旋输送机的结构

1—减速电动机；2—机架；3—联轴器；4—前轴承；5—前轴；6—螺旋；7—中间轴承；
8—后轴；9—槽体；10—后轴承

爱立许德昌机械的 Y32 系列输送机是典型的垂直提升螺旋输送机，如图 5.51 所示，它由三套螺旋输送机组成，具有环保、可靠、容易维修等特点。与气流输送相比没有除尘器尾气处理装置，动力消耗小，使用方便。

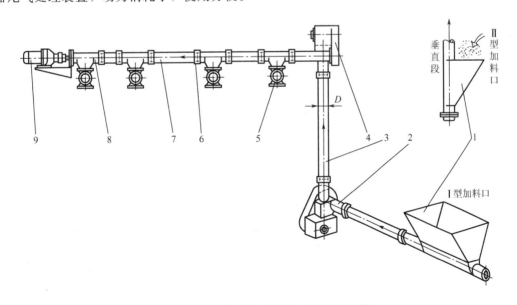

图 5.51 Y32 系列垂直提升螺旋输送机布置图

1—加料口；2—下部直角接口；3—垂直段；4—上部直角接口；
5—电动球阀段；6—卡式接口；7—中间段；8—端部段；9—减速电动机

5.6.5 气力输送装置

气力输送装置是利用空气流的动压力，使物料在密闭管道内输送的设备。气力输送装置可以长距离输送物料，通过在管道上设置三通和卸料器可以自由选择卸料点的数量，也就是说一台气力输送装置可以完成对一个或多个卸料点的物料输送，布置灵活方便，占地面积小。此外，由于采用密闭管道输送，可减少粉尘飞扬，有利于环境保护。然而，在使用过程中，管道容易堵塞和磨损。

气力输送装置可分为压送式气力输送装置和吸送式气力输送装置两种。目前，无锡锡南铸造机械股份有限公司是生产气力输送装置的典型厂家。

1. 压送式气力输送装置

1) 流态化中压压送装置

Y935 型流态化中压压送装置如图 5.52 所示，闸门气缸使锥形闸门下降，物料即从料斗经加料口进入压送罐内，直至达到上料位计时，锥形闸门上升封住加料口，即停止加料。同时，换向球阀下移封闭排气管路，然后压缩空气经进气管及过滤器进入压送罐，将物料压入输送管道。在压送物料时，压缩空气通过增压法兰进入管道中，使物料流态化，并有增压和协助压送作用。当压送罐内的物料降至下料位计时，压送停止，换向球阀上升打开排气管路，罐内剩余压缩空气迅速经过消声器排出，这样就完成一个压送循环。

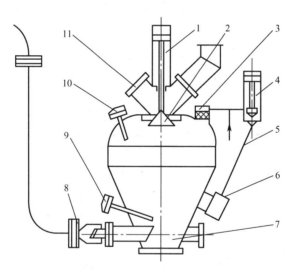

图 5.52　Y935 型流态化中压压送装置

1—闸门气缸；2—锥形闸门；3—过滤器；4—换向球阀；5—排气管；6—消声器；
7—压送罐；8—增压法兰；9—下料位计；10—上料位计；11—加料口

此装置主要用于输送干燥的新砂、再生砂及粉状物料，它的特点是物料呈流态化状态在管内流动，流速为 1～2m/s，保证管道不堵塞、磨损轻、工作可靠，可方便实现物料的提升和长距离水平输送。

2) 沸腾式中压压送装置

S95 系列沸腾式中压压送装置如图 5.53 所示，主要用于输送新砂、旧砂、煤粉和黏土等粉状物料。它的水平输送距离最大为 100m，垂直输送距离最大为 15m，输送压力为 0.4~0.6MPa。

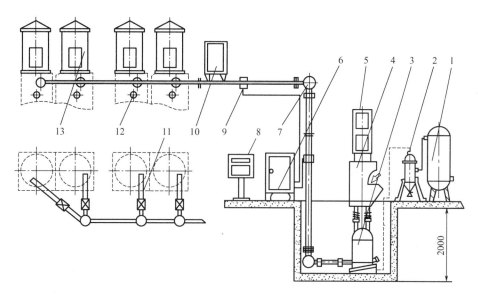

图 5.53　S95 系列沸腾式中压压送装置

1—储气罐；2—气水分离器；3—发送器；4—倒料机构；5—倒料除尘器；6—总阀箱；7—球形弯头；
8—电气控制；9—增压器；10—分阀箱；11—双气缸自动蝶阀；12—料位器；13—排气过滤器

物料从倒料机构进入发送器中，在发送器底部有一倾斜的沸腾床，沸腾床由多孔板及涤纶绒布组成。此中压压送装置利用压缩空气为动力，经过滤水及调压后的压缩空气，一路进入沸腾床下部，使沸腾板上面的粉料呈流态化状态；一路进入发送器顶部，当发送器内压力达到预定值时，电接点压力表动作，打开排料阀，将沸腾的高浓度粉料经过输送管道压送至料斗中卸料。为防止粉尘飞扬并回收物料，在倒料机构及料斗上方均装有除尘器。

该装置可以实现多点卸料，利用双气缸气动蝶阀使叉道通或不通来改变卸料地点。

在输送距离较长或阻力损失较大的压送系统中，气流由于克服阻力而使其压力降低，物料速度因而减慢，可能造成管路堵塞现象。为此，在管道的适当位置用增压器补充压缩空气，弥补能量损失。图 5.53 所示的管路中就设有两个增压器，一个用于使物料顺利通过弯管，另一个用于使物料不在水平管道中沉降堵塞。图 5.54 是涡流式增压器结构图，进入气环的压缩空气通过管壁上的喷嘴孔，以涡旋状进入管道中，并在管壁上形成涡旋状气流垫，使物料集中在输送管中心流动，既加速了物料输送，又能减轻管壁磨损。

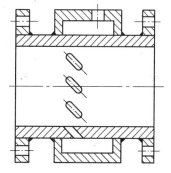

图 5.54　涡流式增压器结构图

2. 吸送式气力输送装置

吸送式气力输送装置如图 5.55 所示，高压离心鼓风机设在系统的末端，因此整个系统在负压状态下工作。当物料均匀地从加料口进入喉管时，由喉管进风口吸入的高速气流与物料混合，使物料呈悬浮状态并被加速，经过管道输送至旋风分离器。旋风分离器的作用是将物料与气体分开，物料通过分离器下部的锁气器卸出，含尘空气则进入旋风除尘器，进行第一级除尘，大部分灰尘在此被清除。更微细的灰尘随气流进入湿法除尘器，做进一步净化处理。净化后的空气通过气水分离器去除水分后，由高压离心鼓风机排入大气。节流阀的作用是一方面调节风量大小，另一方面可使系统空载起动，防止电动机过载。

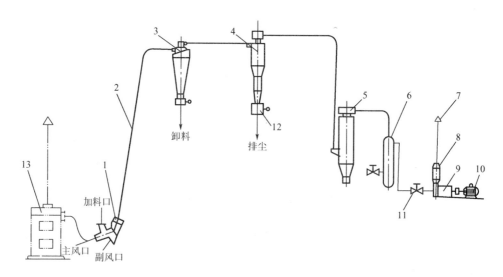

图 5.55　吸送式气力输送装置

1—喉管；2—输送管道；3—旋风分离器；4—旋风除尘器；5—湿法除尘器；6—气水分离器；
7—风帽；8—消声器；9—风机；10—电动机；11—节流阀；12—锁气器；13—热风炉

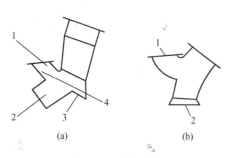

图 5.56　喉管简图

（a）L 型喉管；（b）动力型喉管

1—加料口；2—主风口；3—副风口；4—舌板

喉管的作用是将物料与气流很好地混合、悬浮并使物料加速。如图 5.56（a）所示，L型喉管有主、副两个进风口，从加料口进入的物料，经舌板缓冲后与主风口吸入的气流相遇，物料被悬浮、加速，并呈两相流进入输送管道。从副风口吸入的气流主要起气垫作用，避免进入喉管的物料冲向管壁，以减少悬浮阻力，吸不走的砂块和杂物也可以从副风口落下。动力型喉管［图 5.56（b）］只有一个进风口，吸入的气流方向与输送方向基本一致，结构更为简单。

旋风分离器是常用的一种气流与物料分离装置，如图 5.57 所示，两相流沿切向进入分离器，并向下作螺旋运动，因为离心力物料被抛向器壁。由于物料间、物料与器壁间的摩擦作用，物料的速度降低并沿器壁下落至排料口卸出。含尘空气则从底部沿筒中心呈螺旋状上升，最后从顶部的排气口进入除尘器。

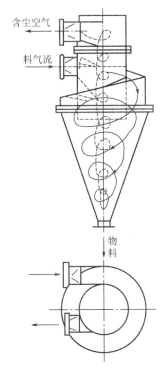

图 5.57　旋风分离器工作原理图

　　锁气器安装在分离器或除尘器的排料口处，如图 5.58 所示，它是一个特殊的闸门，平时和卸料时均能起密封作用，即在卸料过程中也使分离器内的气体与大气隔绝，不致影响分离器或除尘器的正常工作。

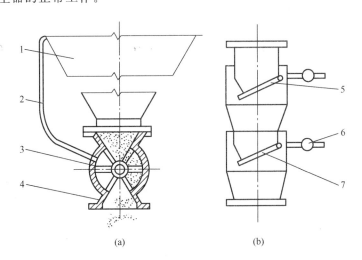

（a）　　　　　　　（b）

图 5.58　锁气器工作原理图

（a）星形锁气器；（b）重锤式锁气器

1—分离器体；2—均压器；3—星轮；4—机壳；5—上闸门；6—重锤；7—下闸门

5.7 常用给料设备

常用的给料设备包括带式给料机、振动给料机、圆盘给料机等，其原理和特点见表5-3。

表5-3 砂处理中常用给料设备

名 称	结 构 简 图	特 点
带式给料机	1—料斗；2—可调闸板； 3—罩壳；4—带式输送机	（1）结构原理与带式输送机相同，仅受料段托辊数较多； （2）给料均匀，使用方便可靠； （3）可以水平或倾斜安装； （4）结构比较复杂
电磁振动给料机	1—槽体；2—电磁振动器；3—减振器	（1）电磁振动给料机与电磁振动输送机类似，适于干粒料或小块料给料。给料均匀，也可作定量器使用； （2）结构紧凑，使用方便可靠； （3）电器控制较复杂，有噪声
圆盘给料机	1—减压环；2—流砂锥	（1）利用旋转圆盘使自动倾塌其上的物料经刮板作用实现均匀给料； （2）结构简单，工作平稳可靠，调节方便
螺旋给料机	见图5.50	与螺旋输送机的原理相同，配接时间继电器控制时间定量给料

5.8 砂处理系统的自动检测与控制

5.8.1 混砂机的定量加料

混砂时，各种物料加入的比例和加入水量的多少将决定型砂的工艺性能，改变加入的原辅材料的组分配比就可以得到工艺上所要求的型砂性能。因此，型砂原辅材料准确的定量加入对型砂质量非常重要。

1．原辅材料的定量加料方式

（1）重量定量法。先将物料加入装有称重传感器的中间料斗，物料的加入按"重量"控制，与加料时间长短无关，从而排除了各种客观因素的影响，使加入量更为准确。一般情况下，新旧砂合用一个称量斗，而煤粉、黏土等辅料则配用一个称量范围小的称量斗。

进口混砂机多采用重量定量法对物料实行准确称量，国产混砂机也开始配套使用。

（2）时间定量法。首先根据型砂工艺要求确定各种物料的配比，计算出各组分的加入量，然后根据所使用定量给料机的给料情况，测出各物料达到要求重量所需要的给料时间。混砂时，按所测得的加料时间依次将旧砂、新砂、黏土和煤粉加进中间综合料斗或直接加入混砂机内。时间定量法简单、实用，但容易受给料设备状况和物流状况的影响，准确性差，多用于对型砂质量要求不高的中小型铸造厂。

旧砂和新砂的给料多采用带式给料机、振动给料机或圆盘给料机，而煤粉、黏土等辅料则采用密封性好的螺旋给料机。

（3）容积式定量法。根据加入物料的堆积密度和加入质量计算出对应容积的容器，作为物料加入的量具。该方法虽然简单，但料位控制困难，准确性差，而且不容易调整加入量，因此在电子秤和重量传感器出现后已很少采用。

2．水加入方式

采用液位传感器定量的容积法定量加水的方式只适用于一般中小型铸造厂或对型砂要求不严格的场合。目前准确的定量加水方式有称量法（德国 EIRICH 混砂机使用）和脉冲计数法（DISA 混砂机使用）。

德国 EIRICH 公司的称量法是将需要加入的水量先通过电磁水阀加到带称重的水桶内（俗称"水秤"），然后按"粗加"和"精加"依次加入混砂机内。DISA 公司的脉冲计数法则是采用一只可按流过水量发出相应脉冲数的涡流流量传感器，当脉冲数达到设定值或控制系统的计算值时，电磁阀关闭，加水停止。改变加水脉冲次数或脉冲一次的加水量便可改变加水量。

然而，由于受旧砂水分和温度的影响，混砂时水分的加入量会有较大的波动。因此，水的加入量不可能像固体材料那样有准确的配比，必须根据具体情况随时调整。

5.8.2　旧砂增湿自动调节装置

图 5.59 所示为一种热砂冷却增湿自动控制装置。

热的旧砂由带式输送机送入料斗 1，经振动给料器 3 送到带式输送机 4，开关 5 发出输送带上有无热砂的信号。检测头 6 和 7 分别测出旧砂的温度和含水率，并将相应的电信号送入运算器。同时将砂量和要求旧砂冷却后的温度给定值送入运算器。运算器将这些数据进行处理，得出增湿所需水量，并发出电信号给电动执行器 13，操纵电动调节阀 11 控制增湿水的流量。涡轮流量计 12 将实测的水量反馈给控制器，以校正电动调节阀 11。增湿水用压缩空气均匀地喷洒在热砂上，然后由双轮松砂机 17 将砂抛散均匀，送至冷却提升机或沸腾冷却机通风冷却。

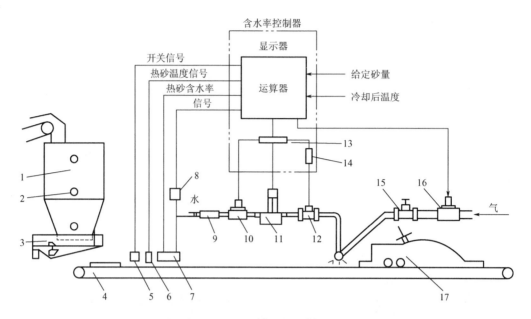

图 5.59　热砂冷却增湿控制自动化装置

1—料斗；2—料位计；3—振动给料器；4—带式输送机；5—开关；6—温度检测头；7—型砂含水率检测头；
8—频率发生器；9—过滤器；10—电磁水阀；11—电动调节阀；12—涡轮流量计；13—电动执行器；
14—变换器；15—减压阀；16—电磁气阀；17—双轮松砂机

5.8.3　型砂水分的自动控制

型砂水分含量可在一个混砂周期内发生很大变化。水分含量是一个难以控制但又必须控制的重要组分。除了采取各种措施使进入混砂机的旧砂水分和温度尽量保持稳定以外，还需要利用各种先进技术测量旧砂和型砂中的水分，然后根据需要向混制砂中加入适当的水。在线检测型砂水分的检测原理有成型性法、电容法、电阻法、微波干燥法等，这里只介绍前三种。

1. 成型性控制法

如图 5.60 所示，成型性控制法通过测量型砂成型性能的变化来控制混砂机的加水量。由于成型性能与松散型砂的堆积结合能力有关，可根据混合后的型砂在槽极组件上一个槽孔中的搭桥能力来加以控制。

通过混砂机壁上的小孔连续提取型砂样品。样品砂沿着一个带槽孔的振动给料槽前进并通过一个光电管系统。干型砂通过振动给料槽上的两个槽孔落下，挡住了光电管光的通路，由此打开两个加水阀，水被加入混砂机中。随着混砂时间的延长、型砂粘结强度的提高，型砂不再落入第一个槽孔，这使其中一个水阀关闭。型砂中的水分进一步增加，型砂之间的粘结力增大，它的通过能力就逐渐减少，最终使型砂也不再落入第二个槽孔中，全部从中层排出，此时第二个槽孔下的光电管接收到光，于是第二个水阀关闭，混砂机停止加水。

成型性控制法简单直观，但由于工作现场粉尘大，如不能及时吹净光电管表面的粉尘，就有可能发出错误的信号。

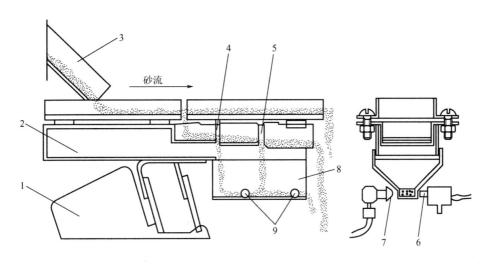

图 5.60　成型性控制器原理

1—振动器；2—振动给料槽；3—溜砂槽；4—第一槽孔；5—第二槽孔；

6—光信号接收器；7—光源；8—积砂盆；9—通光束的小孔

2. 电容法

如图 5.61 所示，电容法测量型砂水分一般在混砂机上方的砂斗里进行。测量电路的测头作为一极插入砂中，砂斗壁作为另一极，由这两极组成一个电容，型砂则作为电容两极间的介质。由于电容量与型砂水分含量有密切关系，可根据事先测得的电容-水分对照曲线，计算出测得电容的对应含水量，然后根据工艺要求向混砂机补加水量。

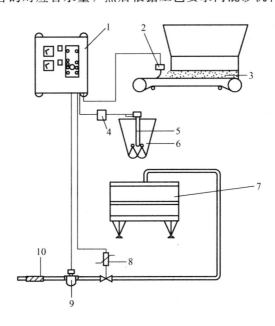

图 5.61　电容法测量型砂水分示意图

1—控制箱；2—温度传感器；3—型砂；4—测试信号转换器；5—温度测试棒；

6—称量漏斗；7—混砂机；8—电磁阀；9—水流量计；10—过滤器

型砂充填密度的改变能引起电容的测量误差。当型砂含有过量的煤粉、酸度过高，使型砂具有较高的电导率时，控制系统会出现一些问题。为此，必须定期对电容-水分关系曲线进行校正。为提高电容法控制加水量的准确性，常用热电偶测量型砂温度，以便进行温度补偿。

3. 电阻法

将插在混砂机里砂中的测试棒作为一极，混砂机的底板和侧壁为另一极，然后在电路中加上电压，测量两极之间的电阻，而电阻变化可以通过电路转换器转换成电压的变化，计算机里的信号采集卡将这个电压信号与事先存储在计算机里的电压-水分关系曲线进行对比，就可以得到型砂的含水量值。

型砂中各组分的含量、新砂比例、砂温和环境温度的变化都会影响电阻法测量的准确性，应定期对电压-水分关系曲线进行校正。

5.8.4 型砂性能在线检测

紧实率、含水量、湿压强度和透气性是当前型砂性能检测的四大项目。但由于各种性能间相互影响和关联，通常只选择有代表性的性能指标进行检测控制。

透气性与混合物中的灰分含量有关，不能通过混砂时各种主辅料和水的加入量的改变来调整，需通过对全部型砂周转量的总体调整，才能达到调整透气性的目的，因此透气性项目不列入混砂时的控制项目。

紧实率能反映在一定水分和黏土条件下的共同影响，更能说明型砂的造型性能，它又与成分含量呈线性关系，因此一般在线型砂性能检测控制仪均把紧实率作为必检项目。

湿压强度对黏土砂潮模造型是一个极为重要的指标，直接关系到砂型的强度、刚度和韧性，影响造型性和铸件质量。造型线铸件砂铁比不同、浇注情况不同，进入混砂机的旧砂辅料的烧损不同，有效黏土波动大。如果每批混料按相同比例加入黏土，则可能造成每批型砂性能不同，质量不稳定。因此，混砂时必须对湿压强度进行检测，以便随时调整黏土的加入量，确保型砂性能稳定。

如能检测剪切强度等能反映型砂综合性能的指标最好，因为它还可以反映型砂的韧性，对砂型的破损、冲砂、塌箱、起模开裂等影响更加明显。

温度和湿度等容易检测的参数则作为辅助参数，供计算机计算加入量时参考。

为了及时、准确地反映型砂的实际性能，实现生产过程中对型砂质量的及时控制，保证生产过程中型砂的工艺参数始终控制在精确可靠的范围内，对型砂混制过程实施在线检测和控制尤为必要。目前，各种型砂质量在线检测控制仪已在许多铸造工厂得到广泛使用。

1. DISA 公司的 SMC 型砂性能在线检测仪

SMC 型砂性能在线检测仪安装在混砂机旁（图 5.62），直接从混砂机取样。检测仪测紧实率和湿压强度，并进行两次检测。第一次检测是在混砂机开始工作时，检测仪从混砂机内取出干混后的旧砂样品装入试筒，检测紧实率后与目标值比较，计算出应加水量并自动控制混砂机加水，取样的旧砂温度（可选）也可作为统计数据被记录。第二次检测是在批料混制完成后，检测仪再次取样检测，与目标值比较后，其差异在下一碾进行修正。在对紧实率进行第二次检测的同时，也比较测得的型砂湿压强度值与目标值之间的差异，精确逐步修正膨润土的加入量。通过这种方式控制型砂性能和成分的稳定性，并使之符合预先设定的工艺范围。

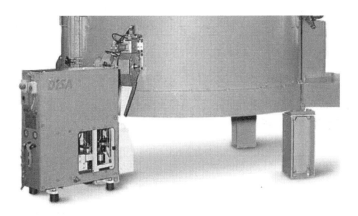

图 5.62　SMC 型砂性能在线检测仪

SMC 型砂性能在线检测仪工作程序如图 5.63 所示。

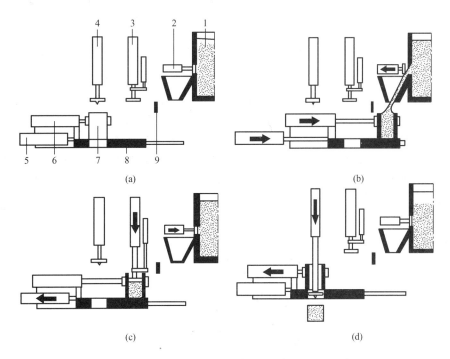

图 5.63　SMC 型砂性能在线检测仪工作程序

（a）原位；（b）取样；（c）紧实率测试；（d）型砂湿压强度测试及砂样推出

1—混砂机；2—螺旋取样器；3—紧实率测试气缸；4—湿压强度测试气缸；5—换位底板气缸；
6—砂样换位气缸；7—湿压强度测试探针；8—底座板；9—砂样刮平板

混砂机内型砂由螺旋取样器 2 取出并经转棒式松砂器松散后进入样筒，通过光栅测量到样筒满的信号后，由下面换位底板气缸 5 将样筒移至图 5.63(c) 所示位置检测紧实率

（此时样筒上口经砂样刮平板 9 将多余砂刮去）。紧实率测试气缸 3 上升复位后，砂样换位气缸 6 将样筒移至图 5.63(d) 所示位置，湿压强度测试气缸 4 前的探针 7 在同一试样上进行强度测试，同时将试样由底座板 8 上开孔处推出，松散后废弃，气缸复位后进行下一个循环。

SMC 型砂性能在线检测仪的循环周期可根据需要设定，也可在一个混砂周期内连续多次检测、控制修正，直至性能合格才卸砂。

2. SINTO 公司的型砂性能在线检测仪

SINTO 公司的成套型砂处理线带有自动控制水分装置，它包括 MIA、MIC 和 MIE 三部分，其生产流程如图 5.64 所示。

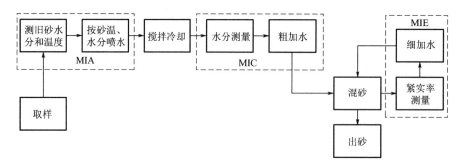

图 5.64 SINTO 公司的成套型砂处理线生产流程

旧砂进入间歇式混砂机前，由 MIA 检测其水分和温度，并根据检测结果对其进行喷水降温处理，使得砂温即使在夏季也会低于室温 15℃ 以下，并且使得回用砂水分波动很小。混砂机上设有 MIC 和 MIE 两级水分控制装置。MIC 是以温度、湿度传感器为中心的粗加水装置。当操作者设定目标含水量后，系统测量旧砂温度与湿度，并将温度值折合为湿度值进行补偿，从而计算出粗加水量。MIE 则以紧实率及砂温测试为主要指标，其中经过温度补偿、紧实率-水分换算，当实测紧实率值与目标紧实率差值在一定范围内时即可出砂。否则要不断地通过 MIE 精调加水量，延长混碾时间，直至合格。SINTO 公司的型砂在线检测仪原理如图 5.65 所示。

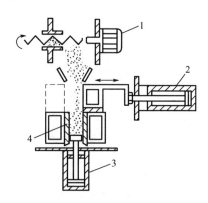

图 5.65 SINTO 公司型砂性能在线检测仪原理图
1—取样电动机；2—刮平气缸；3—压实气缸；4—水分测定电极

3. FONDARC 公司的 RTC 型砂性能在线检测仪

法国 FONDARC 公司的 RTC 型砂性能在线检测仪用于混砂过程型砂紧实率和湿压强度的实时检测。通过检测能自动调整和控制水、膨润土的加入量，从而实时控制型砂的质量，并能长时间自动记录相关工艺数据且进行设备故障诊断。

RTC106 型砂性能在线检测仪如图 5.66 所示，其工作流程如图 5.67 所示，其工作流程包括以下三个部分。

（1）第一次加水在混砂机加砂后进行。刚开机或停机后的再起动，加水量按照混砂机的一次加砂量和紧实率设定的经验值；完成一碾混砂后，将该碾总加水量的 80％作为下碾的第一次加水量。

图 5.66　RTC106 型砂性能在线检测仪

（2）混制中型砂紧实率的检测及修正。第一次加水后，检测仪设定一个混砂时间，达到后检测仪第一次取样检测紧实率，并将检测结果与预设目标值比较，若测定值低于紧实率下限，意味着型砂含水量不够，检测仪进行水量计算并自动控制加水系统进行第二次加水。在混制一个设定时间后，检测仪再次

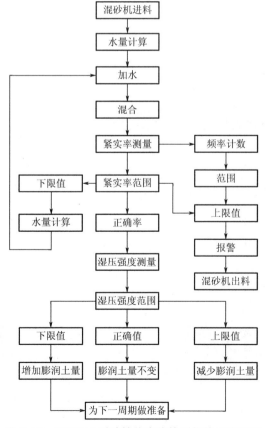

图 5.67　RTC106 型砂性能在线检测仪的工作流程

取样检测紧实率，如紧实率仍未达到目标值下限，则第三次加水，也可能多次检测、多次加水（一般只需三次加水）。只有紧实率达到要求时才放砂。当紧实率超过预设目标值的上限时，说明型砂含水量过高，检测仪会报警提示紧实率超标，该碾由现场技术人员决定如何处理，同时检测仪能够自动调整下碾的第一次加水量。

（3）湿压强度的检测及修正。当检测仪最后一次检测紧实率并显示在合格范围后，同时要检测湿压强度，并将结果与目标值比较、计算，在下一碾控制辅料加入系统对膨润土加入量的精确修正。如果检测仪最后一次检测紧实率超标，则不再检测湿压强度。

RTC106 型砂性能在线检测仪的最大优点是能根据检测到的每碾旧砂温度，结合现场布置状况实时修正设定的紧实率，并控制混砂机实现修正后的紧实率，从而保证型砂的质量最好，约 98％型砂的紧实率控制在预设紧实率值±2％的范围内。

4. EIRICH 公司的 AT1 型砂性能在线检测仪

德国 EIRICH 公司的 AT1（QualiMaster 质量师）型砂性能在线检测仪如图 5.68 所示。它安装在型砂带式输送机上方，直接从型砂带式输送机上取样，检测型砂紧实率、湿压强度和剪切强度，与装在混砂机上的 FK-PLC 水分修正系统和一套型砂质量分析诊断的计算机专家系统软件配合，实现对砂处理的预防性质量控制。

此外，国外生产的型砂性能在线检测仪还有 KW 公司的 VWS＋APS 型砂性能在线检测控制系统、DISA-GF 公司的 SFR 型砂控制仪、Foundry Control 公司的 FSE 型砂水分控制系统、日本早坂理工株式会社的 GTR1000 型、太阳铸机株式会社的 KCB 型等。国内型砂性能在线检测仪生产厂家有济南铸锻所捷迈机械有限公司、青岛新东机械有限公司、青岛第四铸造机械厂、清华大学、东南大学等。在所有型砂性能在线检测仪中，其取样方式或从混砂机内直接取样，或从型砂带式输送机上取样；结构形式则有转盘式和小车移动式两种。

图 5.68　EIRICH 公司的 AT1 型砂性能在线检测仪

思考题及习题

一、填空题

1. 砂处理系统主要有_____布置和_____布置两种形式。国内铸造厂使用_____布置较多。

2. 筛分设备的主要作用是筛除其中的_____、_____和_____。常用的筛分设备有_____和_____。

3. 目前，对旧砂降温普遍采用_____的方法，即用雾化方式将水加入热旧砂中，经过冷却装置，使水分与热砂充分接触，吸热汽化，通过抽风将砂中的热量除去。

4. 常用的旧砂冷却设备有_____、_____、_____、_____等。

5. 由于旧砂中含有铸件浇冒口、铁片、铁钉和铁豆等铁磁性物质，以及芯头和碎木片等杂物，所以要经过_____、破碎和_____等工序，将旧砂中的杂质去除，将大砂块破碎。

6. 碾轮式混砂机中刮板的作用是对型砂进行_____和_____。

7. 尽管转子混砂机的结构形式各不相同，但主要可以分成_____的混砂机、_____的混砂机和_____混砂机三大类。

8. 新砂烘干设备主要有_____、_____和_____等。

9. 根据再生原理旧砂的再生方法可分为_____、_____、_____、_____四大类。

10. 常用的树脂砂再生机有_____、_____、_____、_____、_____等。

11. 原辅材料的定量加料方式主要有_____、_____、_____三种，准确的定量加水方式有_____和_____。

12. 多数型砂性能在线检测装置所检测的是型砂的_____和_____，前者是为了控制型砂的适宜于造型的水分，后者是为了控制型砂的有效黏土含量。

二、简答题

1. 用方框图画出湿型砂处理系统的组成布置图。

2. 砂处理系统主要有平面布置和塔式布置，各有何特点？

3. 流态化的概念是什么？

4. 什么是旧砂再生？

5. 与碾轮混砂机比较，摆轮混砂机的特点是什么？

6. 与常用碾轮机比较，转子混砂机的特点如何？

7. 比较湿型砂和树脂砂处理系统的异同点？

8. 造型材料有哪些输送方式？各有哪些输送设备？

9. 斗式提升机在选择和使用时应注意哪些问题？

三、思考题

砂铁比的大小和变化对回用砂有什么影响？在设计和使用砂处理系统时，应如何考虑因砂铁比变化而带来的一些问题？

第6章
清理设备及其自动化

清理是铸造生产中的后处理工序，是铸件落砂与冷却后，清除掉本体以外的多余部分，并打磨精整铸件内外表面的过程。主要工作有清除型芯和芯撑，切除浇冒口、拉筋和多肉，清除铸件粘砂和热处理后形成的表面氧化皮，铲磨飞边，打磨铸件表面，涂敷底漆，加工初始定位基准等。清理工序繁多、环境恶劣、工作繁重，据统计，清理工作占铸件总工作量的 1/5～1/3。

为做到优质高效地清理铸件，一方面应采用先进的清理工艺，并研制和使用高效的清理设备；另一方面应精化铸件，使生产出来的铸件具有最少的清理工作量。

6.1 清理设备的种类及选用

1. 清理设备的种类

铸件清理方法有机械方法、物理方法和化学方法三类。

机械方法是利用各种手动和机动工具或不同类型的机械设备所产生的压力、冲击、剪切、研磨等力量作用于铸件，以达到清理的目的。物理方法则是利用电弧、等离子、激光、超声波和冲击波等对铸件进行清理。化学方法是利用氢氟酸溶解 SiO_2 和盐液电解等清除中小铸件的粘砂，还有利用一些金属在高温下激烈氧化的特性进行氧化切割和气割。

铸件清理设备按清理目的不同大致分类如图 6.1 所示。

由于湿法工艺的污水处理及红热铸件遇水激冷后易开裂等问题，水爆清砂、水力清砂工艺已基本淘汰，并逐渐被干法所取代。液压件等小壳体类铸件及部分复杂的熔模铸件仍可采用电液压清砂或电化学清砂，但它们在湿砂型铸造中也应用较少，故这里不予讨论。

飞边的切割已经逐渐交由机械手、机器人或专用磨削清理设备来完成。

机器人常用于小批量铸件飞边的切割，或是机器人手持不同磨具（砂轮或砂带）围绕专用夹具中的工件运动而完成磨削清理，或是机器人手持工件围绕固定于地面的磨具作相对运动来磨削工件。机器人通常采用 5 轴或 6 轴高性能交流伺服电动机驱动，并采用工件扫描技术、传感器定位及模具自动补偿技术来提高自动化程度及磨削质量。

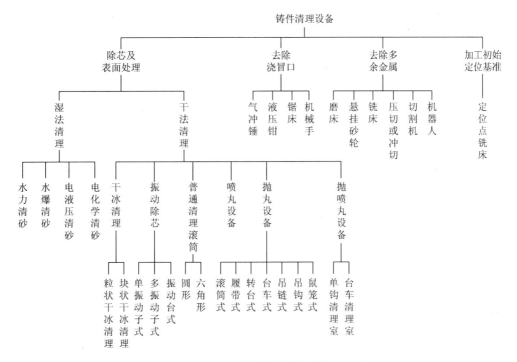

图6.1 铸造清理设备分类

对于大型铸件特别是铸钢件的飞边切割多采用主从关节式机械手夹持不同的磨具围绕工件作相对运动，磨削飞边，抓举质量可达2000kg。此类产品如英国LAMBERTON公司的产品、德国AST公司的产品和美国ACTION公司的产品。

对于大批量生产的缸体（盖）等箱形件的飞边切割均采用专用磨削设备，铝缸体（盖）等采用专用铣削设备。通过数控及自动检测技术，可进行刀具磨削自动补偿，提高自动化程度，与抛丸表面处理设备一起与造型线配套使用，提高生产效率。

2. 清理设备的选用

1）清砂除芯设备的选用

干法清理设备由于其清理工艺简单，成本较低而成为一般铸件清砂除芯设备的首选。对表面粗糙度没有特殊要求的多砂芯铸件，选用振动除芯机清理即可；为进一步降低铸件表面粗糙度值，振动除芯后还须经过抛（喷）丸清理。抛丸前先振动除芯一般比只进行抛丸清砂经济合理些，尤其是对类似发动机缸盖等具有复杂内腔的铸件。而只采用抛丸清砂除芯，铸件内腔深处很难清净，同时大量砂子及灰分进入抛丸室，不仅增加了丸砂分离器的负担和弹丸的损耗，而且使叶片的磨损加剧。

2）表面清理设备的选用

铸件表面干法清理中，抛丸清理的优点是清理效果好、生产率高、动力消耗少，因此在生产中广泛应用。但由于弹丸抛射方向不能任意改变，对一些形状复杂的大铸件，特别是其复杂的内腔清不到。对此，则可采用以抛丸清理为主，辅以喷丸清理的抛喷联合清理装置。履带式抛丸清理机不仅适用于大批量生产的铸造车间，也适于单件小批生产的铸造车间。转台式抛丸清理机适于清理薄壁或易破裂件、扁平类中大件；台车式抛丸清理机适于清理中大型及重型件；吊钩式抛丸清理适于多品种小批量生产的铸造车间采用；吊链连续式抛丸清理适于大批量生产中大件的清理。

3）去除浇冒口设备的选用

铸件材质、重量、尺寸及形状不间，去除浇冒口的方法也不同。简单的中小铸铁件用锤击去除浇冒口，可锻铸铁件或轴类球墨铸铁件用冲床冲击或锯床切割去除；铸钢件或中大球墨铸铁件的浇冒口，普遍采用氧乙炔或电弧切割；有色金属件则常用带锯、圆盘锯或切边压力机去除浇冒口。

4）铲割及打磨设备的选用

铸件清理后，一般还留有浇冒口余痕，铸件表面局部有凹凸不平，故需进行局部铲割和打磨。所用设备及工具依铸件的大小和批量不同而异。如小件用固定式砂轮机，简单的大中件大多用摆动式砂轮机及手提式砂轮机。有一定批量的可用专用多面磨床及专用工夹具来打磨，批量较大的小件，可用一定的连续运输装置将铸件送到自动或半自动砂轮机上打磨。

6.2 除 芯 设 备

6.2.1 单振动器振动除芯机

图 6.2 所示为 L145 型单振动器气动除芯机，主要用于发动机缸体铸件清除内腔芯砂，是早期仿制苏联的产品，结构、性能较简单，其缺点是生产率低，噪声大，劳动条件差。在机架上装有两个卡头，一个是装有弹簧缓冲的固定卡头，一个是由气动推杆推动的头部装有风动振动器的活动卡头。工作时，将铸件吊到除芯机两卡头之间，推杆推动活动卡头将铸件夹持住，气动振动器振动，完成除芯工作。

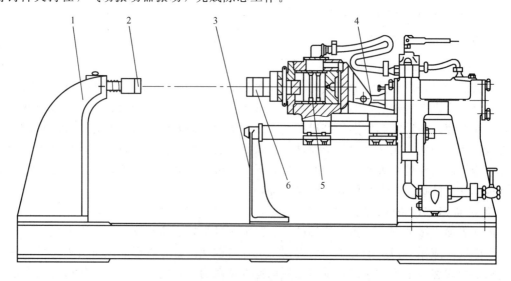

图 6.2 L145 型单振动器气动除芯机

1—尾架；2—弹簧支撑；3—前架；4—气动推杆；5—振动器；6—振动器撞头

6.2.2　多振击器振动除芯机

多振击器振动除芯机主要以压缩空气作动力，通过两套以上的高精度气动振击器，给工件以小能量高频击打，在很短的时间内使铸件内腔的芯砂松脱、破碎并排出。

图 6.3 是 ZYSB06 型振动除芯机结构图，主要用于类似发动机缸盖等具有复杂内腔的铸件清砂除芯。

工作原理如下：开始托盘处于上料位置，人工将工件摆放到托盘上，然后两停止器上升，机动滚道正转将工件输送至振动除芯工位，碰上限位碰块后停下，空气弹簧充气使工作台带着工件升起，夹紧气缸夹紧工件。与此同时，机动滚道反转将托盘回送至上料工位，进、出料门关闭，振击器开始振击除芯，上料位上工件振击约25s后，两停止器限位块下降，振击停止，夹紧松开，空气弹簧排气使工作台下降，除芯后的工件落在机动滚道上，进、出料门打开，机动滚道正转将除芯后的工件输送至下料工位，然后人工将除芯后的工件取走，完成一个工作循环。

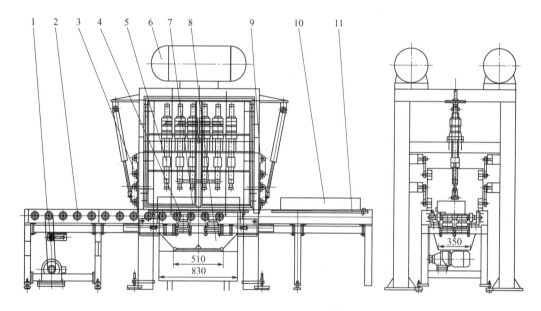

图 6.3　ZYSB06 型振动除芯机结构图
1—传动装置；2—激动滚道；3—出料门；4—空气弹簧；5—振击器；
6—储气罐；7、10—工件；8—集砂斗；9—进料门；11—托盘

6.3　滚筒清理设备

普通清理滚筒适用于中小型铸造车间，分为间歇式和连续式两种类型，可用于清理形状简单、能承受翻滚碰撞的中小型铸件。其工作原理是通过装在滚筒中的铸件和星铁，在与滚筒一同旋转过程中，互相碰撞和摩擦，从而去除铸件表面粘砂或氧化皮。

6.3.1　间歇式清理滚筒

目前国内常用的清理滚筒有圆形滚筒和六方形滚筒两种，其中 Q118A 型圆形普通清理滚筒是典型的代表。

间歇式清理滚筒一般主要由滚筒体、轴承支架、传动系统等部件组成。筒体的外壳由厚钢板弯成。外壳内先装一层橡胶板再装耐磨护板，以减弱工作时的噪声。左右两端盖也为双内衬结构，但端护板的中部带孔眼，用于通风除尘。两端盖上均有空心轴，一端用于吸入空气，另一端与除尘箱连接，含尘的空气通过耐磨护板上的孔眼经空心轴吸入，灰尘沉降在除尘箱中，除尘箱再与除尘系统连接。

6.3.2　连续式清理滚筒

连续式清理滚筒的工作原理如图 6.4 所示，滚筒轴线与水平呈一个不大的夹角 α（3°左右），内壁设有纵向筋条，以利铸件翻滚撞击。铸件沿溜槽经左端进料口进入滚筒，一面前进一面与星铁（多角形的白口铸铁块）、滚筒内壁及相互间发生撞击、摩擦，得到清理。最后由右端出料口卸出。清掉的砂子通过滚筒中段内、外层的筛孔落入下部集砂斗。星铁在出口端附近通过该筒内层孔落入内外层之间，由螺旋叶片送回进口端，重新进入滚筒内层循环使用。通过适当调节滚筒倾斜角度 α，可改变铸件在滚筒中的清理时间。

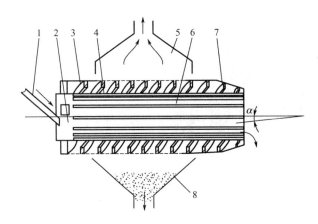

图 6.4　连续式清理滚筒的工作原理
1—铸件溜槽；2—星铁循环进入口；3—滚筒外层；4—滚筒内层；
5—吸尘罩；6—筋条；7—回送星铁用的螺旋叶片；8—集砂斗

滚筒中段设有封闭罩壳，下部为集砂斗，上部设有排尘口，与除尘系统连接，排除清理中产生的灰尘。

水平安装的连续式清理滚筒，内层应有螺旋状肋条，以便铸件随滚筒的翻转而前进。

连续式清理滚筒的优点：生产率高，可组成清理流水线；清理中有破碎旧砂团块的作用；可空载起动。其缺点是铸件在滚筒内停留时间短，对形状复杂的铸件清理效果较差。只能清理形状简单、表面粘砂较松散的铸件。

6.4 喷丸（砂）清理设备

喷丸清理是指弹丸在压缩空气的作用下，变成高速丸流，撞击铸件表面而清理铸件。喷丸清理设备的核心是喷丸器。常用的喷丸器有单室式和双室式两种。单室式喷丸器如图6.5所示，弹丸经加料漏斗1和锥形阀2，进入圆筒容器3内。工作时压缩空气经三通阀9进入容器，锥形阀关闭，容器内气压增加，弹丸受压而进入混合室6，与来自管道7的压缩空气混合，最后从喷嘴4中高速喷出。

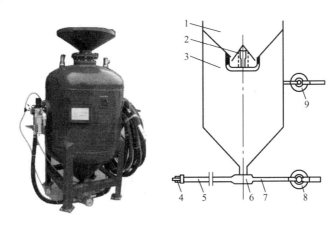

图6.5 单室式喷丸器

（a）实物图；（b）工作原理图

1—加料漏斗；2—锥形阀；3—圆筒容器；4—喷嘴；5—胶管；6—混合室；

7—管道；8—阀；9—三通阀

单室喷丸器补加弹丸时，必须停止喷丸器的工作，即关断三通阀9，容器停止进气，并同时排气。还要关闭阀8，使混合室也停止进气。于是弹丸压打开锥形阀2，进入容器内。所以，单室喷丸器只能间断工作，使用不太方便。

双室式喷丸器的工作原理与单室式相同，广泛采用的是Q2014B型喷丸器，其实物和工作原理分别如图6.6和图6.7所示。它主要由弹丸室、控制阀、混合室、喷头、管道等组成，工作过程如下：

① 使转轴2和各阀处于关闭位置。

② 从上罩按装丸量将喷丸加入喷丸器中。

③ 打开进气蝶阀16和直通开关13、14。

④ 使三通阀11处于如图6.7(a)所示的喷射位置。

⑤ 逐渐转动转轴，使喷丸循序落下，待喷射量适当时，停止转动。

图6.6 Q2014B型喷丸器实物图

⑥ 当下室 5 喷丸喷完时，重新将喷丸从上罩加入喷丸器内，然后使三通阀 11 处于图 6.7(b) 所示的喷射位置，使喷丸从上罩落入上室 7 再落入下室 5，保持连续工作。

⑦ 清理完毕，先转动转轴 2 关闭喷头，再关闭进气蝶阀 16，然后将三通阀 11 转至图 6.7(b) 所示的停止喷射位置，使室内的空气迅速排入大气。

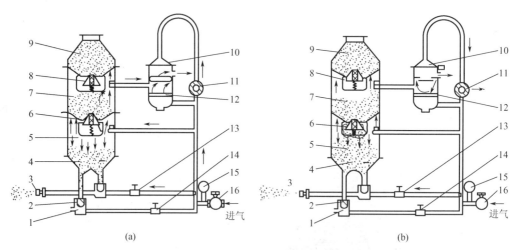

图 6.7   Q2014B 喷丸器工作原理

(a) 喷射位置；（b）停止喷射位置

1—混合室；2—转轴；3—喷头；4—底座；5—下室；6—下室阀；7—上室；8—上室阀；9—下罩；
10—转换开关；11—三通阀；12—转换开关活塞；13、14—直通开关；15—压力表；16—进气碟阀

喷砂清理原理与喷丸清理相似，用各种质地坚硬的砂粒代替金属丸清理铸件。喷砂清理设备较简单，操作方便，效率高，清理效果较好。多用于非铁合金铸件的表面清理，对于铸铁件主要用于清除其表面的污物和轻度粘砂，尤其是用燃煤退火炉退火的铸件表面清理，可快速和较彻底地清除掉退火后铸件表面粘附的烟黑、灰等污染物。

喷砂清理可分为干法喷砂和湿法喷砂。干法喷砂的砂流载体是压力为 0.3～0.6MPa 的压缩空气气流，湿法喷砂的砂流载体是压力为 0.3～0.6MPa 的水流。湿喷砂的目的是通过湿润粉尘和磨料的办法来控制喷丸清理过程中产生的粉尘，最大限度地减少喷丸清理对环境造成的粉尘污染。

图 6.8 所示为一种注射式湿喷砂装置，其特点是缓蚀剂溶液在喷嘴进口端以前与磨料、压缩空气混合，比起缓蚀剂溶液在喷嘴出口处与磨料、压缩空气混合的水环式湿喷砂装置，其粉尘和磨料的湿润更加充分，控制粉尘污染的效果更好；其缓蚀剂溶液的流量用节流阀控制，调节性能更好。但注射式湿喷砂中的缓蚀剂溶液与磨料、压缩空气混合的液压力远高于水环式湿喷砂装置，要有专门的水泵系统来供水。

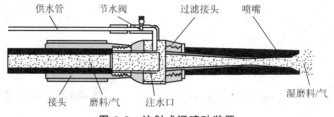

图 6.8   注射式湿喷砂装置

图 6.9 所示为一种环保型压送式磨料自循环干法喷砂装置。这类装置的喷枪有多种形式，可根据所清理的工件外形进行合理选配使用。喷砂时，喷砂、回砂、砂尘分离、砂料循环、粉尘过滤等动作自动完成，工作环境干净无污染。

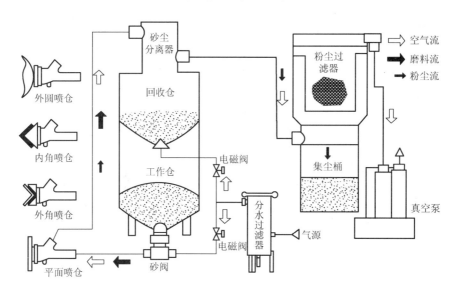

图 6.9 压送式磨料自循环干法喷砂装置

对于特大型设备，回收仓和工作仓可分成两部分。该喷砂装置是根据文丘里原理，利用高速压缩空气通过喷枪中孔径突然收缩的喷气嘴时，在喷嘴入口空腔中形成的负压，将喷砂软管中的磨料吸入喷嘴，并在压缩空气的推动下以很高的速度运动，撞击工件表面，以达到表面清理或表面处理的目的。

该喷砂装置无需压力容器来储存磨料，因此结构简单，操作简便，特别适用于模具清理和涂层修补前的清理及一些表面硬度不高，清理时怕擦伤的工件的清理。

箱型喷砂机主要由工作主机、磨料分离器、除尘系列等部件组成，如图 6.10 所示。根据主机空间，设置不同风量的磨料分离器，可有效降低磨料损耗。

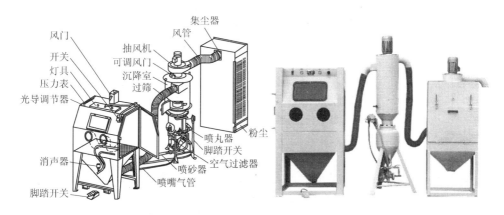

图 6.10 箱型喷砂机

6.5 抛丸清理设备

抛丸清理是利用抛丸器高速旋转的叶轮，将弹丸连续高速地抛向铸件表面，借助弹丸的冲击作用，去掉铸件表面的粘砂或氧化皮。与其他表面清理方法相比，其优点是生产效率高，清理质量好，动力消耗少，劳动强度低。但其缺点是抛丸器一经固定，其抛射方向和抛射区就不能进行大的改变和调整，这对于某些形状复杂的铸件，特别是一些铸件形状复杂的内腔，容易形成抛射不到的死区。

撞击会使零件表面产生压痕，其内层为塑性变形区，更深处则为弹性变形区。在弹性力的作用下，塑性变形区受到压缩应力，弹丸被反弹回去。附着层、塑性变形层与弹性变形层的厚薄决定了所需的弹丸数量与速度。

一般抛丸清理只要求破坏氧化皮锈斑体，并不要求塑性变形区的厚度值；而抛丸强化则要求尽可能厚的塑性变形区。因此，不同的抛丸目的需采用不同的工艺参数，如弹丸数量、速度等。铜、铝件也可进行抛丸处理，增加光泽，提高强度。铜、铝件的抛丸并不要求很深的塑性变形区与弹性变形区，因而抛丸速度低。

6.5.1 抛丸清理设备的主要形式和特点

抛丸清理设备中工件运载装置的结构形式在很大程度上决定了所能清理的工件种类、大小及生产率。铸件抛丸清理设备按铸件运载装置的形式，可分为滚筒式、转台式、吊挂式、鼠笼式、机械手夹持式、通过式等形式；按作业方式可分为歇式和连续式两类。常用抛丸清理设备的形式和特点见表 6-1。

表 6-1　常用抛丸清理设备的形式和特点

名　　称		适用范围	主要参数及特点	工作原理简图	主要机型
滚筒式	间歇式抛丸清理滚筒	适用于清理小于 30kg 容易翻转而又怕碰撞的铸件	(1)滚筒直径 600～1700 mm； (2)一次装料量 80～1500kg； (3)清理时间：普通件 8～12min，非铁件 3～6min		Q3110、 Q3110A 3113A、 Q3113B
	连续式抛丸清理滚筒		(1)生产率：小型 1～2t/h，大型 15～20t/h，DISA 公司的 CD 系列为 3～30t/h； (2)有圆滚筒式、履带式、振动槽式等		DISA 公司 CT-2， CT-3、CT-4 系列
	履带式抛丸清理滚筒（间歇式）		(1)一次装料量 300kg～8t； (2)铸件单件重量 10kg～1.5t； (3)生产率 0.5～30t/h； (4)履带运行速度：3～6m/min		Q3210 Q326 10TN 15GN

（续）

名　　　称	适用范围	主要参数及特点	工作原理简图	主要机型
转台式	抛丸清理转台	适用于薄壁或翻转时易破裂的和扁平类铸件，件重由几千克至5t	（1）单转台式：直径1～4m，转速0.25～4r/min； （2）双转台式：直径1～4m，转速2～9r/min； （3）多转台式：大转台直径1.8～3.2m，转速0.4～1r/min；小转台4～6个，直径0.15～1.4m，转速8～18r/min		Q3525A Q3525B
	台车式抛丸清理机	适用于大、中、重型铸件	（1）转台直径2～5m，转速2～4r/min； （2）台车运行速度6～18m/min； （3）台车载质量5～30t，最大可达250t		Q365A Q365B
吊挂式	单钩式抛丸清理机	适于多品种、小批量生产	（1）吊钩载质量800～3000kg，最大可达20t； （2）吊钩自转转速2～4r/min； （3）运行速度10～15m/min		Q378 Q378A Q378B
	吊链式抛丸清理机	适于大量生产的中等铸件	（1）单钩最大载质量200kg、400kg、600kg、800kg、1000kg； （2）生产率40～60钩/h，最大可达120钩/h； （3）吊钩运行速度0.3～0.8 m/min，自转转速5～15r/min		Q383 Q384B Q425 Q485 Q588
	吊车式	适于大、重型铸件	载质量3t		Q7630
鼠笼式	鼠笼式抛丸清理机	适于中、大型复杂铸件	ZJO23： （1）鼠笼10个，直径700mm，长度1200mm； （2）生产率：气缸体1～5件/min QL2： （1）鼠笼2个，工作最大尺寸450mm×350mm×540mm； （2）生产率：1～2件/min		ZJO23 QL2
机械手夹持式	机械手式抛丸清理机	适于多品种中、大型复杂铸件	DV2： （1）机械手数2个； （2）单个机械手夹持质量为70～450kg； （3）生产率20～80循环/h或20～160件/h GR6-S1： （1）最大夹持质量为350kg； （2）最大铸件尺寸为1000mm×530mm×540mm		DISA的DV2 ISPC的GR6-S1

6.5.2 抛丸清理机的构成

抛丸清理机一般由以下七部分组成。

(1) 抛丸器：抛丸机械的核心部件，决定着抛丸机械的工作质量和效率。

(2) 丸砂分离器：对于铸件表面清理特别是抛丸清砂来说，它的重要性仅次于抛丸器，因为如果不能成功地进行丸砂分离（要求分离后丸中含砂量小于 1%），也就无法进行有效的清理。

(3) 铸件载运装置：针对不同形状、轮廓尺寸、质量的铸件，不同的批量，可以采取不同的载运方式。好的载运方式应使铸件各个面，包括内表面都应受到均匀的抛打，没有死区，而且尽可能地使抛完的铸件不带走或少带走弹丸，以减少损失。

(4) 丸砂循环输送系统。

(5) 加卸料装置。

(6) 除尘系统。

(7) 外罩及电气控制系统。

大抛丸量的抛丸器和高效率的丸砂分离器是抛丸清理设备的关键装置，下面对抛丸器和丸砂分离器进行重点介绍。

1. 抛丸器

1）抛丸器的类型及结构

抛丸清理的实质是将弹丸的动能转化为对工件的冲击能。抛丸清理的效率取决于抛出弹丸的数量、大小、速度和冲击的方向。因此，抛丸清理设备的经济、技术指标几乎都与抛丸器直接相关。

按进丸方式可分为机械进丸式和风力进丸式两大类，各类抛丸器与电动机连接方式主要有直联式和悬臂式两种形式。机械进丸式直叶片抛丸器是目前使用最为广泛的一种抛丸器，如图 6.11 所示，抛丸量范围很宽，从每分钟几十千克到几百千克。

图 6.11 机械进丸式抛丸器

图 6.12 是机械进丸式直叶片抛丸器示意图，它主要由圆盘 3、叶片 4、进丸管 5、分丸轮 6、定向套 7、主轴 11 等构成。圆盘 3 上装有八块叶片 4，与中心部件的分丸轮 6 一

起，均安装在由电动机直接驱动的主轴 11 上。外罩 8 内衬有护板（图中未画出），罩壳上装有定向套 7 及进丸管 5。叶片从圆盘中心插入，均布镶嵌在两只圆盘的径向凹槽中。工作时，叶片依靠离心力的作用固定，不需专门装夹具。因圆盘和分丸轮均固装在主轴 11 上，与主轴作同步转动，而定向套 7 则用压板固定在外壳支架上，不随主轴转动。一个圆盘上的叶片必须选配成组，同组叶片的质量差一般不应超过 2～4g。叶片磨损需更换时，要注意轴对称的两叶片质量应尽可能接近。

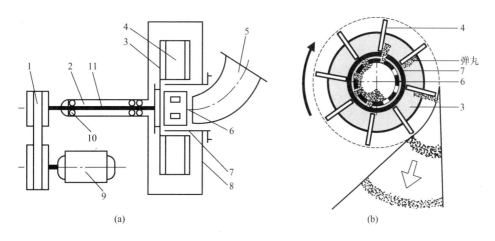

(a)   (b)

图 6.12　机械进丸式直叶片抛丸器示意

（a）抛丸器结构示意图；（b）弹丸抛射示意图

1—三角带；2—轴承座；3—圆盘；4—叶片；5—进丸管；

6—分丸轮；7—定向套；8—外罩；9—电动机；10—轴承；11—主轴

工作过程如下：弹丸从进丸管 5 加入，落到与圆盘 3 一起高速旋转的分丸轮 6 中。分丸轮 6 将弹丸从定向套 7 的开口送入圆盘 3 上的叶片 4，在高速旋转叶片 4 的推动下，产生强大的离心力，使弹丸以很高的速度（一般为 60～80m/s）自叶片末端飞出，并呈扇形扩散角射向铸件。调整定向套 7 出口的方位，可以改变弹丸抛出的方向，使抛出的弹丸尽量抛射到铸件上。

图 6.13 是该机械进丸式直叶片抛丸器的结构爆炸图。

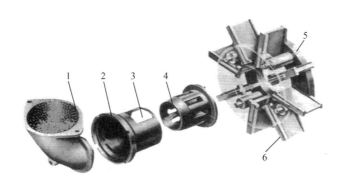

图 6.13　机械进丸式直叶片抛丸器的结构爆炸图

1—进丸管；2—定向套；3—矩形窗口；4—分丸轮；5—圆盘；6—叶片

图 6.14 所示为鼓风进丸式抛丸器。弹丸在喉管中被鼓风机送来的气流预加速后，经喷嘴送到叶片上，再由叶片进一步加速后抛出。调整喷嘴的出口位置，可以改变抛射方向。这种抛丸器的优点是减少了易损件（以喷嘴取代了分丸轮和定向套），结构简单，但增加了风机的动力消耗和设备安装面积。其抛丸量受风力限制，通常在 200kg/min 以下。

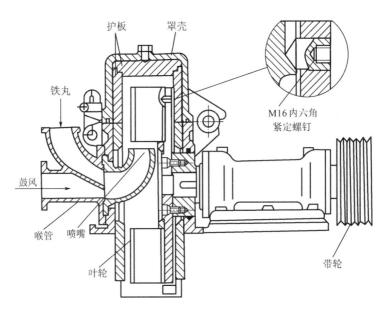

图 6.14 鼓风进丸式抛丸器

抛丸器的结构参数主要有：圆盘（叶轮）直径、叶片宽度、叶片形状和转速；定向套直径、开口形状和尺寸；分丸轮与叶片的相对位置等。抛丸器的性能评定标准包括弹丸流分布、抛丸量、机械效率、噪声、叶片寿命、弹丸利用率及抛射速度、维修难易程度、制造成本等。而弹丸流分布是否紧密和是否均匀将直接影响抛丸清理质量的好坏。

2）抛丸器参数的分析选用

（1）弹丸抛射速度。抛丸速度与抛丸器转速及叶轮尺寸成正比，提高叶轮旋转速度和加大叶轮直径均可提高抛丸速度。但叶轮的转速不宜过高（通常不超过 2800r/min），叶轮直径也不宜过大（通常不大于 500mm），否则会影响设备的寿命。此外，抛丸器的各项功耗均与抛丸速度的平方成正比。抛丸速度过大，不但造成过多的能量消耗，而且会使铸件的表面粗糙度变差。因此在确保满足清理质量要求的情况下，应根据工艺要求合理选用抛丸速度。通常用于铸件表面清理时弹丸的抛射速度为 70m/s，用于落砂抛丸清理时选用 75m/s 左右的抛射速度。

（2）弹丸抛射距离。弹丸抛向铸件的速度越大，打击力也越大，清理效率也越高。对于一个确定的抛丸器，抛射速度还会受到抛射距离的影响。弹丸从抛丸器抛出后，在运动过程中，由于空气阻力，速度会随飞行距离的增加逐渐降低。据资料，抛射距离每增加 1m，弹丸的动能损失就增加 10%。图 6.15 表明了不同大小的弹丸，其抛丸速度与抛射距离间的关系。抛射距离越远，抛射速度越小；弹丸粒度越细，速度衰减越剧烈。

另外，弹丸流抛射截面积与抛射距离的平方成正比，其弹丸流密度随抛射距离增加而减少。这说明抛射距离不能太远，但也不宜太近，否则抛射区过小，而且抛丸器会受到反射弹丸流的影响而增加磨损。通常，被清理铸件的表面与抛丸器中心线的距离以 0.7～1.5m 为宜。

（3）抛丸量。抛丸器每分钟抛出的弹丸量称为抛丸量，是抛丸器的主要性能指标之一。抛丸量与抛丸速度越大，则清理能力越强。这两者主要取决于电动机的功率，也与抛丸器的结构及供丸能力有关。

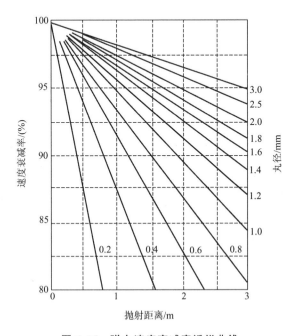

图 6.15　弹丸速度衰减率近似曲线

提高转速，可以增加抛丸量，但转速过高会使轴承发热，振动加剧，对动平衡的要求提高。

研究表明，在一定的叶轮直径、转速和结构条件下，提高抛丸量的主要途径：①适当地增大定向套和分丸轮的内径，抛丸量明显提高；②采用直径大小适宜的进丸管。抛丸器相当于离心式鼓风机，进丸管内径太大，则进丸管中的风速便下降，影响进风速度，进丸量减少。如果内径过小则进风阻力增加，弹丸容易堵塞进丸管，抛丸量也会减少。

对于铸铁件表面清理，平均 300～400kg 弹丸可清理 1m² 面积，对铸钢件为 400～500kg/m²，据此可算出所需的抛丸器数量。如要求设计的抛丸清理机在 12min 内将 6m² 面积的铸铁件表面清理完毕，则抛丸量应为 350kg/m²×6m²/12min＝175kg/min，也就是说用一台抛丸量大于 175kg/min 的抛丸器即可满足要求。

当用于抛丸清砂时，清砂效率与型砂的溃散性有关。当铸件型芯砂溃散性好时，平均100kg 弹丸可落砂 10～14kg，溃散性不好时则只能落砂 8～10kg。

（4）抛丸器叶片与分丸轮扇形体之间的相对位置。抛丸器分丸轮扇形体与叶片之间的相对关系如图 6.16 所示。为确保弹丸由分丸轮飞入叶轮时，尽量避免撞击叶片根部，甚至到叶片背后去，分丸轮扇形体工作表面应比叶片工作表面超前 6mm 左右（对于叶轮直径为 500mm 的抛丸器）或 $\phi=15°$ 左右，否则易造成叶片的加速磨损和增加弹丸互相撞击的能量消耗。

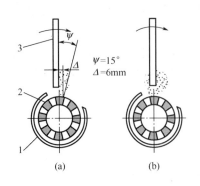

图6.16 叶片-定向套-分丸轮的相对关系
(a) 正确；(b) 不正确；
1—定向套；2—分丸轮；3—叶片

（5）抛丸器分丸轮防弹丸堵塞的措施。机械进丸抛丸器易产生堵丸现象，表现为当进丸量大于抛丸器最大抛丸量时，进入分丸轮的弹丸显著减少，抛丸量降低，功耗大幅下降，进丸管似乎堵住了。此时如停止向抛丸器供丸一段时间，抛丸器则又可正常工作。一般来说，如果抛丸器实际抛丸量不大于其最大抛丸量是不会出现这种现象的。

正常工作时，弹丸被连续而均匀地送进分丸轮内孔，其进丸量与抛丸量基本是一致的。刚进入分丸轮的弹丸绝大部分不可能直接进入分丸轮的窗口内，直至获得一定大小的角速度，才随着分丸轮一起旋转，形成一柱状弹丸环。在分丸轮的旋转中心形成着一个圆柱形的空腔，该空腔是进丸的主要通道。抛丸量稳定时，该空腔的大小也基本保持不变。

如果进丸量大于最大抛丸量，过量的弹丸首先涌入分丸轮的进丸通道，瞬间将通道填满，使后进的弹丸滞留在进丸管内。弹丸受高速旋转的离心力和摩擦力的作用，进丸管前边的弹丸也随之作旋转运动。这样在分丸轮的弹丸入口端形成了如图6.17所示的锥形弹丸屏障。该屏障切断了弹丸进入分丸轮的通道，阻碍了后续弹丸进入分丸轮，从而产生了堵丸现象。

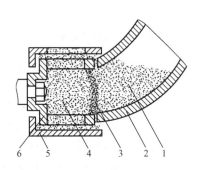

图6.17 堵丸时形成弹丸屏障示意图
1—进丸管内弹丸；2—进丸管；3—锥形弹丸屏障；4—柱状弹丸环流；5—定向套；6—分丸轮

为了避免这种现象的发生，使弹丸进入分丸轮通道畅通，可采用以下两种措施：

① 分丸轮进口设计成圆锥形扩口而非圆柱形。实验表明，分丸轮进口段为圆柱状时，弹丸易被离心惯性力压向圆柱壁，形成坚固的环状堆积。这个堆积环的存在堵塞消失后也依然存在，只有在停车后，当速度降到很低时，才会突然瓦解。这个堆积环的存在阻碍着弹丸顺利地进入分丸轮内腔，使抛丸量显著下降。进口段采用圆锥形则可有效防止堆积环的产生。

② 在进丸喉管增设引风管。抛丸器自身相当于一台抽风机，在分丸轮进口处其负压较大。在进丸喉管接近分丸轮入口处增设一引风管，使分丸轮入口段弹丸在内外压差的作用下很流畅地进入抛丸器。

2. 丸砂分离器

只有采用完全干净的弹丸，才能实现抛丸清理在技术和经济上的最优化。弹丸含砂尘过多，将降低抛丸效率并增加设备零件的磨损。据介绍，弹丸中含砂量为2%时，叶片的磨损速度比使用纯铁丸或纯钢丸增加5~10倍。对于铸件的表面清理，尽管已通过落砂与除芯工序，但多少总存留部分残砂和灰尘，因此丸砂分离器是抛丸清理设备中必不可少的重要组成部分。

国内常见的丸砂分离器主要分为风选式和磁风选联合式两种。丸砂分离器的选型，取决于待处理弹丸混合料中的含砂量。对于一般抛丸清砂设备，混合料中含砂量不大于5%，采用风选式丸砂分离系统即可；对于混合料中含砂量为5%~20%的抛丸除芯清砂设备，可采用两级风选或先风选再磁选的丸砂分离器；对于混合料含砂量大于20%的抛丸落砂除芯清砂设备，可采用磁选加风选的丸砂分离器。

1) 风选式丸砂分离器

风选式丸砂分离器习惯上又叫帘幕式或流幕式丸砂分离器。图6.18为风选式丸砂分离器结构简图，其工作过程如下：丸砂混合物从进料口10进入，经螺旋输送器11送入滚筒筛13，筛分出大块废料。筛筒外螺旋14的作用是将筛下的物料沿料槽长度布匀，并将多出的物料推到溢流管16中。混合物经定量门8所控制的间隙流出，形成瀑布状流幕。调节定量门的高度，可改变流幕厚度，从而调节生产率。吸尘口12接除尘系统，开动后便有速度为4~5m/s的水平气流由进风口9进入，穿过丸砂混合物流幕。丸砂在分离场中受到重力和气流水平推力的双重作用，由于丸、砂、尘的粒度、密度的不同，其沉降轨迹也不相同。密度较大的钢（或铁）丸几乎垂直下落，进入储丸斗4；密度较小的砂粒进入左面的再生砂斗3；粉尘随气流进入除尘系统。未完全分离的碎丸和大颗粒砂则进入中间槽2，返回清砂室，待下次分离。

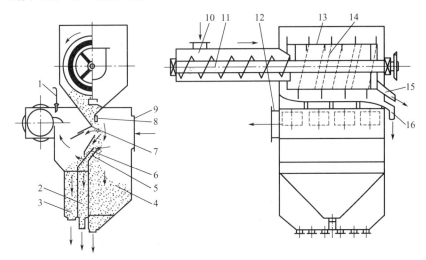

图6.18 风选式丸砂分离器结构简图

1—风调节板；2—中间槽；3—再生砂斗；4—储丸斗；5—二级撒滤板；6——级撒滤板；7—舌板；
8—定量门；9—进风口；10—进料口；11—螺旋输送器；12—吸尘口；13—滚筒筛；
14—筛筒外螺旋；15—废料槽；16—溢流管

2）磁风选联合式丸砂分离器

图 6.19 为磁风选联合式丸砂分离器结构示意图。它主要由螺旋滚筒筛、分离器壳、一级磁选滚筒和二级磁选滚筒等组成。工作时由提升机提升的丸砂混合物，经螺旋输送器送入滚筒筛，在滚筒筛内螺旋的推动下，丸砂经筛网孔在分离区内流幕状落下，进入一级磁选滚筒；大块物料由内螺旋推送器直接送入废料管排出。流幕状态下的丸砂混合物在下落过程中部分灰尘被风吸走，到达一级磁选滚筒时，丸砂混合物中的弹丸被滚筒吸住，随滚筒转动到无磁区下落，在下落过程中，较细小的碎弹丸被风吸至碎弹丸管口 7，循环使用的弹丸落到储丸仓，供抛丸使用；给一级磁选滚筒未被吸住的丸砂经舌板落到二级磁选滚筒，在磁选过程中，砂自然落下进入砂管口 6，弹丸随滚筒转动至无磁区落下，进入回用丸管口 5 回用。

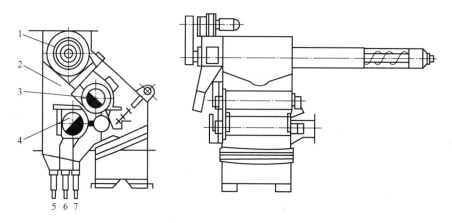

图 6.19　磁风选联合式丸砂分离器结构示意图
1—螺旋滚筒筛；2—分离器壳；3—一级磁选滚筒；4—二级磁选滚筒；
5—回用丸管口；6—砂管口；7—碎弹丸管口

图 6.20 为磁风选联合式丸砂分离器工作原理示意图。该丸砂分离器包括两级磁力分离和一级风力分离，可用于含砂量大于 20％的丸砂混合物的分离，分离效果良好，弹丸损失很少，砂可回用。

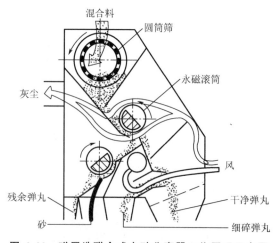

混合料　圆筒筛　永磁滚筒　灰尘　风　残余弹丸　砂　干净弹丸　细碎弹丸

图 6.20　磁风选联合式丸砂分离器工作原理示意图

3. 弹丸

弹丸按材质可分为金属丸和非金属丸两大类，铸件清理多使用金属丸，金属丸又可细分为白口铸铁丸、可锻铸铁丸、钢丸和非铁合金丸等多种。弹丸的形状有球形（丸）、不规则块状或多角形（砂）及钢丝锻（由钢丝切成长度与直径相当的小圆柱体）。不同材料、不同形状的弹丸，其清理速度和本身的寿命也各不相同，具体见表 6-2。

表 6-2 各种弹丸的相对清理速度和寿命

弹丸种类	白口铸铁丸	可锻铸铁丸	钢砂	铸钢丸	钢丝锻
相对清理速度	2~3	1	3~4	1.5	3~4
使用次数/次	60	870	1320	1570	3410
相对寿命	1	15	22	26	57

由表 6-2 可见，白口铸铁丸的清理速度较高，但寿命却较低。这是因为它的硬度高，质地脆、易碎裂；但由于它的制造工艺简单，成本低，目前仍广泛应用。铸钢丸的价格高于白口铸铁丸，但寿命却远高于白口铸铁丸，并且不易碎裂，对叶片的磨耗小，故总的技术经济效益优于白口铸铁丸，在铸件清理中有逐渐取代白口铸铁丸的趋势。钢丝锻除具有钢丸的所有优点外，它没有铸钢丸所可能具有的铸造缺陷（缩孔、疏松），故寿命更长。

弹丸粒度可根据铸件材质、质量和表面粗糙度的要求来选择，表 6-3 可供参考。

表 6-3 弹丸粒度及用途

弹丸粒径/mm		一 般 用 途
抛丸	喷丸	
2.0~3.0	2.0~3.0	大型铸钢件清砂和表面清理
1.5~2.0	1.5~2.5	大型铸钢件、中型铸钢件清砂和表面清理
1.0~1.2	1.0~1.5	中小型铸铁件、小型铸钢件清砂和表面清理
0.5~0.8	0.5~1.0	小铸件表面清理
0.3~0.5	0.3~0.5	非铁合金铸件清砂和表面清理

值得注意的是，在清理过程中弹丸的表层逐渐剥落，弹丸逐渐变小，整个系统弹丸粒度的组成就会慢慢变小。如果长时间不补充加料，系统的弹丸粒度会变得很小，表面粗糙度和清理效率都会降低；如果一次加料太多，则立即表现为铸件的表面粗糙度值变大。因此，弹丸的补充最好是少量多次进行，以保证弹丸量和粒度的级配比例基本不变，从而保证清理质量稳定。

6.5.3 抛喷丸联合清理机

抛喷丸联合清理机是综合抛丸和喷丸两种清理方法的优点而设计的。抛丸清理生产率高，动力消耗少，以它作为主要的清理手段；喷丸操作灵活，可清理复杂铸件的内腔和深孔，作为辅助或补充手段，这样就可以提高清理的质量和产量，降低清理成本。

国内抛喷丸联合清理机主要有 Q75 系列吊钩式抛喷丸清理机、Q76 系列台车式抛喷丸清理机和 Q77 系列台车式抛喷丸落砂清理机三种，如图 6.21 所示。

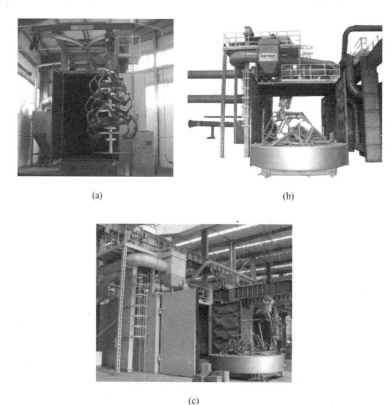

(a)　　　　　　　　　　　　(b)

(c)

图 6.21　抛喷丸联合清理机
（a）Q75 系列吊钩式抛喷丸清理机；（b）Q76 系列台车式抛喷丸清理机；
（c）Q77 系列台车式抛喷丸落砂清理机

Q75 系列吊钩式抛喷丸清理机的结构和功能相当于吊钩式抛丸清理机和喷丸器的组合。工作中首先由单钩将铸件带入抛丸室内，边旋转边接受抛丸清理，吊钩能自动运行、升降和旋转，便于均匀清理铸件外表面和装卸料。经抛丸清理后铸件存在清不到的内腔、死角或复杂表面，则再利用喷丸装置的喷枪进行补充清理。此外，该机还采用无地坑设计，对地下水位高的地区更为适宜。

Q76 系列台车式抛喷丸清理机的结构和功能相当于台车式抛丸清理设备和喷丸机构的组合，主要由室体、四转台车、提升机、振动输送器、抛丸器、喷丸器、丸砂分离器、喷丸操作台及电气控制系统等组成。工作中，首先由台车将铸件载入抛丸室内，像台车式抛丸机那样，利用台车的往复运动或回转运动使铸件外表面在抛丸室受到均匀的抛丸清理。经抛丸清理后铸件存在清不到的内腔、死角或复杂表面，则再利用喷丸机构能升降的喷枪进行补充清理。

Q77 系列为多功能大型抛喷丸落砂清理机，其用途是将开箱后的铸件冷却到 30℃ 以下放到台车上，利用大抛丸量高速旋转的抛丸器将弹丸加速到 80m/s 左右，然后抛射到铸件表面上，清理不到的内腔可用喷枪补充清理，清理下的型芯砂，由于受到高速弹丸的打击,再经分离和除尘而得到再生,磁选后仍可使用。粉尘经两级干法除尘系统净化后排入大气。该清理机在功能上能同时实现落砂、除芯、表面清理和砂再生回用四道工序,适用单件小批量大、中型铸件落砂清理及锻件、结构件强化。

6.6 浇冒口、飞边清理设备

6.6.1 去除浇冒口设备

去除铸件浇冒口是比较繁重的工作。实际应用的方法及设备很多,应根据铸件材质性能、浇冒口大小与位置及生产批量等几方面因素来合理选择。表6-4列出了常用去浇冒口设备,可供选用参考。

表6-4 浇冒口去除设备及特点

常用设备	特点及适用范围
手锤、气冲锤	适用于脆性铸件,手锤适用于中小件,气冲锤适用于较大件及中等件,经济简便,生产效率高,切口须事后铲或磨,不宜用于薄壁件
压力机	适用于脆性中大铸件,生产效率高,切口须事后铲或磨,不宜用于薄壁件,须适当夹辅具
冲床、剪床	冒口较大、材质较脆的中、小件或小铸钢件,生产效率高,切口须事后铲或磨,须适当夹辅具
铣床	不宜用于高硬度材质(如白口铸铁、可锻铸铁)铸件,可用于薄壁件,切面整齐,效率较低
圆盘锯、带锯	不宜用于高硬度材质(如白口铸铁、可锻铸铁)铸件,可用于薄壁件,切面整齐,效率较低,须适当夹辅具
液压分离器	适用于脆性中小铸件,小型球铁件和铸钢件,生产效率高,切口须事后铲或磨,不宜用于薄壁件
砂轮切割	适用于脆件铸件、中小件,事后须铲或磨,切面整齐,效率较低,适用于薄壁件
氧-乙炔气切割	适用于铸钢件、球墨铸铁件,可清理曲面和不易接触到的地方,切口金相组织易受影响,事后加工余量大
等离子电弧切割	适用于不锈钢、高合金钢铸件和难熔合金铸件,切割深度不宜大于50mm,事后加工余量大

1. 气冲锤

气冲锤可用来清理人力用重锤无法清理的大中型灰铸铁件和一些中小型球墨铸铁件的浇冒口，这种清理方法的特点是经济方便且效率很高，但击断物飞溅严重，工作时要有严格的安全防范措施。

随着自动化技术的发展，机械手气冲锤正在取替手持式气冲锤，代表产品之一是 DISA 公司生产的二合一型机械手气冲锤，它将气冲锤装于机械手手爪一侧，铸件在落砂清理时，用一台机械手气冲锤就可完成去浇冒口和抓捡铸件两道工序，既提高了生产率，又简化了清理工艺。

美国 ACTION 机械公司生产的机械手气冲锤如图 6.22 所示，它的工作部分为一气缸，在其活塞杆端部装一锤头，通过机械手操纵气冲锤，靠锤头的冲击打掉浇冒口。气缸装在一个可移动的操作机上，为操作者提供了十分安全和良好的作业环境，并能在很大的工作范围内作业，可用于清理大中型铸铁件的浇冒口，使生产率得到大幅度提高。

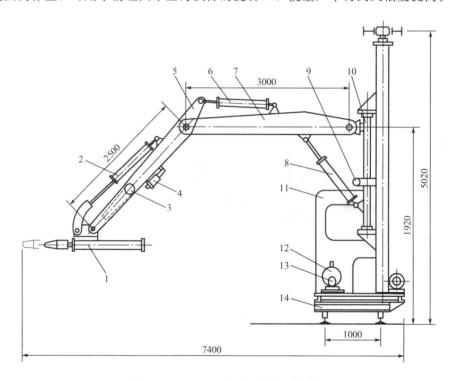

图 6.22 ACTION 公司的机械手气冲锤

1—工作气缸；2—变向液压油缸；3—储气罐；4—气阀；5—小臂；6—伸缩液压缸；7—大臂；
8—升降液压缸；9—回转液压缸；10—转柱；11—操纵室；12—电动机；13—油泵；14—小车

2. 液压分离器

液压分离器是近年来得到越来越广泛应用的铸件浇冒口去除装置。它是利用高压油缸推动楔形块和鄂板，在铸件（或辅具）与浇注系统之间产生强大的分离力，使冒口（或内浇道）沿根部或颈部折断。

图 6.23 所示为某型号楔式浇冒口液压分离器，机身 3 上装有两块活动鄂板 2，鄂板之间为液压缸 4 驱动的楔板 1。机身可以悬挂在单轨或单梁上，工作时将鄂板插入冒口与铸件之间并使之紧密接触，开启手动阀 5，高压油进入液压缸，推动楔板伸出，两鄂板则向左右张开。靠挤压力使冒口裂断，脱离铸件。当油泵压力为 30MPa，功率为 7.5kW 时，张力可达 180kN。它可用于去除球墨铸铁件的冒口，最大裂断面为 65mm×47mm。

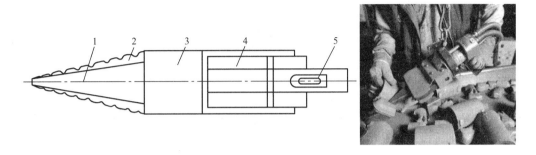

图 6.23　楔形浇冒口液压分离器
1—楔板；2—鄂板；3—机身；4—液压缸；5—手动阀

3. 气割和等离子体切割

气割法去除浇冒口较适用于碳素钢铸件和中大球铁铸件，尤其是大冒口的切割。有些切割机还可实现程序控制或按轮廓线跟踪切割。气割枪可装在操作机上，工人在控制室内进行遥控操作。图 6.24 所示为某型号铸钢件冒口自动气割机。它有一个带转盘 2 的移动小车 1，转盘上装有立柱 3。可垂直移动的滑架 9 装在立柱内，滑架上装有横杆 10，其端部装着转臂 6，装有割枪 5 的切割器 4 随转臂 6 活动。立柱侧面是控制室 11，另一侧是电器室，控制室上的固定架 8 用于支承软管和电缆。

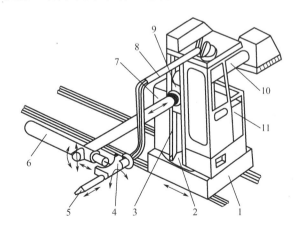

图 6.24　铸钢件冒口自动气割机
1—移动小车；2—转盘；3—立柱；4—切割器；5—割枪；6—转臂；7—电器柜；
8—固定架；9—滑架；10—横杆；11—控制室

等离子体切割是利用等离子体弧来实现对金属物料的切割，如图 6.25 所示。因等离子体弧电弧细、热量集中、能产生较高温度，故切割效率较高、切割质量较好。用该方法切割灰铸铁浇冒口时，在切割部位的铸件表面产生白口硬化层。尽管是在加工余量内可以加工掉，但对加工刀具寿命有一定影响。所以等离子体弧切割多用于不锈钢件及合金钢件的冒口切割。

图 6.25　等离子体切割金属实例

6.6.2　飞边清理设备

对铸件飞边的清理仍然是铸造生产中的薄弱环节。目前，铸件飞边的清理依然存在劳动强度高、噪声高和粉尘高的现象，生产中除合理选用清理设备，以尽量减轻劳动强度外，还要通过提高造型和制芯质量以减少铸件飞边的产生，从而在根本上减少清理工作量。用于清理铸件飞边的方法和设备见表 6-5。

表 6-5　去除铸件飞边的方法和设备

名　　称		适　用　范　围		
		铸件种类	铸件大小	生产类型
砂轮机	手持式	铸铁	大、中件	单件、成批
	悬挂立式	铸铁	中件	成批、大量
	固定式	铸铁	小件	单件、大批
碳弧气刨		铸铁、铸钢	中、大件	单件、成批
专用磨削清理机		铸铁	中、小件	大批、大量
专用磨削机械化生产线		铸铁	中、小件	大批、大量
火焰切割		铸钢、合金钢	中、大件	单件、成批
铣床、冲床、液压机		有色金属、铸铁	中、小件	成批、大量
热去飞边法		压铸件、精铸件	小件	大批、大量
机器人去飞边		铸铁	中、大件	成批、大量

碳弧气刨的工作原理如图 6.26 所示，与电弧焊原理相似，以碳棒与铸件飞边之间产生的电弧所形成的高热将飞边熔化，再用压缩空气将熔化了的液体金属吹掉。该方法也可用来去除浇冒口。碳弧气刨所用直流电多用电焊机供给，设备简单，具有生产率高、电极

消耗少、切割质量好等优点。但在切割时，有强烈的光和熔融金属飞溅，应设有一定的安全保护措施。

专用磨削清理机主要用于大批量生产的各种大中型铸件表面磨削清理，如清理发动机缸体、缸盖等铸件的飞边及平面的粗磨削，是确保后续的精加工工序满足质量要求的必要条件。为了提高生产效率，单台磨削清理机在一个工作节拍内可完成铸件不少于两个平面的磨削清理。国产比较有代表性的专用磨削清理机是 QM3933 三面磨削清理机和 QMZ497 四面磨削清理机（图 6.27）。这些机器可单机使用，也可多机布线联用。

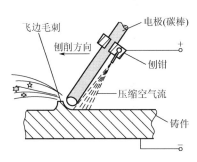

图 6.26　炭弧气刨的工作原理

图 6.27　QMZ497 四面磨削清理机

对于大批量生产的中大型铸件，为了获得比单台磨削清理机高得多的生产效率，可用多台两面磨削机和单面磨削机组成具有多个磨削工位的流水生产线，工件一次性通过磨削清理生产线即可完成多个面的磨削清理。与单机生产相比，磨削清理生产线占地面积大，造价高，每个不同的工件都需要备有多套定位夹紧工件的胎具，因此，较适合于生产品种较稳定、大批量生产、要清理多个面的铸造车间选用。

6.7　铸件清理专用机器人

国内，除少数个别大型企业外，绝大多数铸造企业里仍没有树立应用铸件清理专用机器人的理念，对铸件清理专用机器人的研究也处于起步阶段。但随着企业理念的更新和铸件清理专用机器人成本的降低，加之劳动力成本的增加，铸件清理专用机器人必将在国内铸造企业得到广泛应用。

铸件清理专用机器人在工业发达国家铸造厂清理工部中的应用正在增加，逐步取代铸件人工清理过程，如去除浇冒口、去除飞边、打磨中的人工劳动。国外已经出现包括多个多台清理磨削设备和多个机器手臂在内的清理中心，各台磨削设备对应不同的磨削部位，由机器手臂负责工件在各台设备之间的夹持和转运，全方位清理，铸件打磨工序之间实现全自动化。

1. 德国 GRENZEBACH 公司的铸件清理专用机器人

如图 6.28 所示，德国 GRENZEBACH 公司开发了以柔性和智能化工具为主体的机器人自动化打磨单元和生产线，它由打磨机器人、柔性砂带机、柔性动力头、大功率动力头、切浇冒口与预处理、快换工具台等设备组成，将去除铸件浇冒口、清理飞边和定位面粗加工集成在一条流水线上，实现了全自动化作业。

工件照片				
工件名称	制动壳体	制动蹄块	圆盘	方格
工件质量/kg	3	2	20	5
材质	球铁	球铁	球铁	球铁
节拍/s	21	31	53	45
刀具寿命/件	5000	5000	1000	5000
刀具消耗成本/(元/吨)	29	34	16	27

图 6.28　GRENZEBACH 公司的铸件清理专用机器人

模块化的系统架构使机器人打磨单元具有良好的可扩展性，既可以作为独立的打磨系统，又可以作为一个工作单元配置到流水线上，节约工件运转时间和成本，提高生产效率和经济效益。磨削过程中，机器人的姿态不能到达时，可以改变磨削机的姿态，用到不同曲率的磨削轮，可以在线自动更换接触轮，机器人手臂可根据工件的尺寸选择夹持工件或动力头。

柔性砂带机为机器人自动打磨量身打造，适合快速清理浇冒口残留和大的飞边，用于小型铸件的磨削清理。砂带磨削具有生产效率高、适用范围广、磨削质量好和加工成本低的优点。同时，由于砂带磨削是"冷态"磨削，不易烧伤工件。采用机器人抓持工件与柔性砂带机配合的方式，除了具有传统砂带机的优势以外，它还可以解决由于铸件尺寸偏差与飞边大小不一造成的打磨质量不一致的问题。

柔性动力头适合清理圆弧、凹面与拐角处的飞边，配合机器人对铸件进行高速自动打磨。柔性动力头具有多种轨迹偏差处理机制，可实现无级调速，通过 PLC 实现打磨力的实时监控与动态调整，柔性系统可以有效规避工件偏差，保证打磨的质量。

机器人和打磨工具、砂带机、动力头实时通信，能够灵活快速响应客户多品种产品切换；同时自带吸尘系统，能够避免粉尘飞扬。

2. 意大利 MAUS 公司的 SAM 自动磨削中心

意大利 MAUS 公司在自动磨削领域建立了全球性的标杆，是能够全方位提供质量为 1kg～10t 的零件自动磨削产品的企业。其产品 SAM 自动磨削中心如图 6.29 所示，它包括灵活的自动磨削机、机器人磨削单元、适用于汽车产业的磨削单元、自动化清整单元等，适应各种产品尺寸要求，包括发动机缸体和缸盖、曲轴、涡轮增压器、排气歧管、制动盘和制动鼓、轮毂。其工作效率高，如制动盘铸件的磨削处理可达到 500 件/时，对发动机缸体铸件的磨削处理达到 300 件/时。

图 6.29　MAUS 公司的 SAM 自动磨削中心

SAM 磨削机可安装激光检测设备，用来监控被磨削工件。使用激光检测设备能够自动监控和补偿铸件的误差，使零件加工精度高。此外，SAM 磨削机能够自动切除高于 800kg 的零件的冒口，有效降低操作成本。

机器人磨削单元可保证使用者能够用最小的监控来组织加工操作：首先确认加工工件、装载、磨削；然后通过传送带或托盘输出加工完成的工件，为随后的加工操作做准备。操作者的人工投入被减小到最小。

机器人自动化清整单元可以根据加工工件的尺寸，自动选择夹持工件或夹持工具。通常对于大型铸件采取固定铸件，机械手臂夹持动力头磨削铸件，并且机械手臂可以在线灵活更换磨削轮，实现连续生产。对于中小型铸件（不大于 200kg），通常采取机械手臂夹持工件与砂轮或砂带磨削机配合清理铸件。

3. 国内长泰机器人公司的铸铁件清理机器人

长泰公司最新研制的铸铁件清理机器人迈出了专用清理机器人的一大步，实现了铸件精整的自动化清理全过程。由机器人抓取主轴，针对不同的清理特征选取相对应的刀具对铸件进行定点清理。此系统配备光电传感器，具有扫描铸件达到精确定位的功能，以适应铸件毛坯上料位置误差及铸件毛坯形状误差、精确计算误差并自动修正机器人的加工路径。在清理六缸发动机缸体时虽能够达到 30～35 件/时的生产效率，但与国外相比还有很大差距。

加大铸件清理专用机器人的研发，并在铸造车间的清理工部大量使用将是今后铸造业实现自动化的首要任务之一。然而，机器人的工作轨迹是事先设定的，无法应对铸件毛坯的公差和飞边大小不一的问题，因此在研发铸件清理专用机器人的过程中，必须将机器视觉、传感器技术融入机器人应用中，并采用标准化、模块化设计，才能使机器人自动化打磨成为现实。

（1）引入机器视觉。如果机器人有了视觉功能就能够自动抓取工件，识别打磨部位位置和冒口、飞边的尺寸，打磨后能够进行质量检测。

利用相机镜头对铸件拍照，通过图片信息处理软件计算铸件的摆放位置，将位置坐标传送给机器人控制系统，机器人自行抓取铸件。这样可以节省夹具的设计，实现多规格铸件的混线自动打磨，避免了人工操作错误。

利用三维扫描技术可以对铸件进行扫描获得 CAD 数据，通过和模型 CAD 数据的比对识别冒口、飞边的大小，然后利用离线编程技术结合工艺规则生成机器人打磨程序，该种方式非常适合大型和特大型铸件的自动化打磨。

机器视觉还可以对铸件打磨后进行表面质量检测，不合格的进行再处理。自动检测保证了大批量生产的铸件质量，在同一工位发现问题并及时处理。

（2）加入柔性装置。柔性装置相当于给机器人配上了触觉功能，它是在保持恒定打磨力的条件下，让打磨刀具（砂轮、旋转锉）能够依照铸件打磨部位尺寸的变换而自动发生偏移或偏转。

方式之一是采用电子式柔性装置，利用力传感器实时监测打磨力，机器人运动控制系统按打磨力的变化实时调节机器人的姿态、位置等参数，通过闭环控制实现机器人保持恒定力来打磨铸件。一维力传感器只感应打磨预应力，对于外形复杂且加工质量要求高的铸件打磨需采用六维力传感器，使之能感知 X、Y、Z 方向的力和扭矩，根据实时监测的数据，机器人运动控制器调节机器人运动速度、位置、姿态，保证最优的打磨工艺。

方式之二是采用机械式柔性装置，在打磨过程中随打磨力的变化产生自适应的偏移，保持打磨力动态的平衡。简单的打磨可利用一维柔性装置，实现一个方向上的自适应；对于外形复杂的铸件就需要二维柔性。机械式柔性装置的实时性更好，但无法感知偏移量，无法保证打磨质量，只能起到保护工具的作用。

（3）实行标准化、模块化设计。机器人打磨涉及大量的非标设计和量身定制，如何提高其稳定性、扩展性一直是一个难题，标准化、系列化开发是未来的发展趋势。

国外研制的一些专用清理机器人已实现标准化、模块化设计，如德国 GRENZEBACH 公司的机器人自动化打磨单元，就集成了柔性砂带机、柔性动力头、砂轮机三类打磨工具和排屑、吸尘系统，并可单机或多机工作，铸件不同部位采用不同的打磨方式，将打磨效率和打磨成本有机地结合起来，做到最优化。

6.8 干冰清理技术简介

干冰清理技术是一项先进的工业清洗技术，应用范围非常广泛。该项技术近 10 年来开始应用于铸造业，在铸造业主要用于铸模和芯盒的清洗。在铸模清洗方面，其主要优势如下：

（1）清洗效果好。干冰清理较手工清理、化学清理、玻璃微珠清理效果好，时间短。与喷砂清理比较，无需二次清理，没有模具磨损问题。

（2）可在线清理。可使模具在不拆卸的状态下进行直接喷射清理。这一点在热芯盒模具清理时尤其突出，节省了模具降温、拆卸、安装、加热等环节和时间，提高工作效率和简化模具清理工作程序，还省了能源。

（3）缝隙和隐蔽处清理。对模具的排气孔和局部凸凹变化复杂、活块、拐角等处，有无可替代的效果；对直径 0.7mm 以上的排气单孔（孔深 50mm 以上）可直接清洗透。

（4）对模具表面无磨损。相对于手工清理和喷砂清理而言，干冰清理对模具无任何磨损和其他负面影响，可有效地提高铸造模具的使用寿命。

（5）无需二次清理。因干冰在清理过程中直接挥发，不会留下任何需二次清理的物质，在喷射清理完毕后可直接投入使用。而化学清理需进行二次清理，以去除附着在模具表面的化学清洗剂；喷砂清理需二次清理以去除模具表面浮尘和划伤。

干冰清理原理：干冰喷射清洗所用的介质是坚实的干冰颗粒，与喷钢砂、喷玻璃砂、喷塑料砂相似。如图 6.30 所示，干冰喷射介质即干冰颗粒在高压气流中加速，以接近声速的速度冲击要清理的工件表面，使工件表面附着物被剥离；同时温度极低（−78℃）的干冰颗粒在冲击瞬间气化，干冰颗粒的动量在冲击瞬间消失，干冰颗粒与清洗表面间迅速发生热交换，致使固体 CO_2 迅速升华变为气体。干冰颗粒在千分之几秒内体积膨胀近 800倍，这样就在冲击点造成"微型爆炸"，将污垢层吹扫剥离。

由于干冰颗粒与清洗表面间存在很大的温度差，就会发生热冲击现象。材料温度降低、脆性增大，干冰颗粒能够将污垢层冲击破碎［图 6.30(a)］，之后，由反复碰撞的冰粒和气流带走破裂和脆化的表层［图 6.30(b)］。

干冰清理的主要设备包括干冰喷射机、喷枪、干冰储存箱、干冰制冰机等。

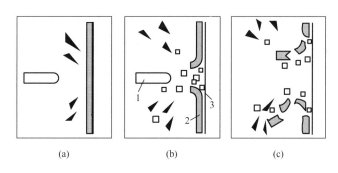

(a)　　　　　　　　(b)　　　　　　　　(c)

图 6.30　干冰清理除污机理示意图

（a）利用冲击力使附着物剥离；（b）利用大幅的温差使剥离力暴增；（c）利用升华作用清除附着物

1—干冰粒；2—污垢；3—工件

思考题及习题

一、填空题

1. 在旧砂处理系统中，采用_____（方法）进行砂铁分离，采用_____（设备）将铸件和砂型分离。主要采用_____（设备）进行铸件表面清理的。

2. 铸件清理方法有_____、_____和_____三类。

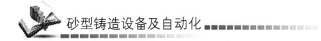

3. 铸件抛丸清理设备按铸件运载装置的形式，可分为 ＿＿＿＿＿＿、＿＿＿＿＿＿、＿＿＿＿＿＿、＿＿＿＿＿＿、＿＿＿＿＿＿等形式。

4. 目前使用最为广泛的一种抛丸器是＿＿＿＿＿。

5. 国内常见的丸砂分离器主要分为＿＿＿＿＿和＿＿＿＿＿两种。

二、简答题

1. 什么是抛丸清理？

2. 抛丸清理机一般由哪几部分组成？

3. 机械进丸式抛丸器有哪些部分构成？简述它的工作过程。

4. 表面清理机有哪几类？各有何特点？

5. 鼓风进丸与机械进丸抛丸器比较有何特点？

6. 为何不宜选择过高的抛丸速度？

第7章 环保设备

铸造生产过程复杂，材料和动力消耗大，设备品种繁多。高温、高尘、高噪声直接影响工人的身体健康，废砂、废水的直接排放会给环境造成严重污染。因此，对铸造车间的灰尘、噪声等进行控制，对废砂、废气、废水进行处理或回用是现代铸造生产的主要任务之一。铸造车间的环保设备主要有除尘设备、噪声设备、废气净化装置、废水处理设备。

7.1 除尘系统及除尘设备

7.1.1 铸造车间粉尘的来源

铸造车间烟尘的主要来源是熔化工部的冲天炉和电炉在生产过程产生大量的烟气。而冲天炉熔化过程则是铸造厂的重要污染源，成为环境保护治理工作的重中之重。这类烟气中往往含有 CO、CO_2、SO_2、氮氧化物、粉尘和焦炭粒等，而且烟气温度高（大于600℃）、含尘浓度高；但粉尘颗粒分布度比较大，比较干燥。不同的工艺操作环节，温度、含尘浓度会有较大幅度的变化。治理这类烟尘的难点是采用哪一种最经济的降温措施，以使烟气温度保持在后级处理设备要求的合适范围之内。

铸造车间的砂处理工部，特别是旧砂处理，也是产生粉尘的重要来源，包括落砂过程、旧砂输送及冷却过程、辅料（主要是黏土和煤粉）储存输送过程。这一工部所产生粉尘的特点是颗粒度很细且有黏性，或游离 SiO_2 含量比较高，并且富含水蒸气，比较潮湿，在一定条件下极易结露。又黏又湿是这类粉尘的特点，也是治理的难点。

铸造车间的另一个除尘重点是铸件清理过程中产生的粉尘。在对铸件进行喷、抛丸和打磨处理过程中，会产生大量的金属粉尘、硅粉尘、磨屑、砂轮粉等。这类粉尘游离 SiO_2 含量比较高，比较干燥，相对比较容易处理。

随着现代铸造规模的不断扩大，国家对环境质量标准、粉尘排放标准等*环保的要求逐渐提高。在这种形势下，新型除尘设备的开发和除尘系统的设计必须紧跟国内外新形势，贴近实际生产工艺，以适应环境保护方面越来越高的要求。

7.1.2　除尘系统概述

铸造车间除尘系统的作用是捕集气流中的尘粒、净化空气。它主要由局部吸风罩、风管、除尘器、风机等组成。其中，除尘器是系统的主要设备；局部吸风罩用于捕捉有害物质，它的形状、性能和安装位置对除尘系统的技术和经济指标均有很大影响；风管将除尘系统的设备连成一个整体；风机是系统的动力。

设计除尘系统时，首先要了解粉尘点位置、粉尘性质，确定吸尘点风量与吸入口风速，从而确定系统总风量、通风管道风速和除尘器滤袋的过滤风速、过滤面积和总系统的阻力，然后选用清灰效果好的除尘器，最后确定选用能持续保持风量、风压稳定的风机。

系统具体设计要求如下：

（1）根据粉尘性质、含尘气体的温度和湿度划分系统，若含尘气体混合后有可能造成燃烧或爆炸，则不能放在同一系统中。

（2）风机和除尘器尽量安装在地面或楼板上，并应方便卸灰和满足工艺操作程序。采用吸入式布置，将风机放在除尘器后面，以减少风机磨损。

（3）吸尘罩做成密封式或敞口吸尘式。罩口做成圆形或方形，使罩口风速均匀，同时罩口的扩张角应为$40°\sim60°$。此外，吸尘位置应避开扬灰中心点，以免带走物料，连接吸尘罩口的风管也应垂直布置，以防堵塞。

（4）除尘管道的布置应考虑：①各吸尘点的管道阻力应平衡。②管道吸尘点超过$5\sim6$个时可采用集合管。③支管应由侧面或上面接主管，三通夹角在迎气流方向应大于$90°$；风管应尽量垂直布置或倾斜布置，采用水平管时应有足够风速，同时尽量减少弯头的使用，必须采用的弯头曲率半径应不小于风管直径。④风管断面应为圆形，并设有清扫门、检测孔、膨胀节（用于输送高温气流）。⑤调节阀门设在易操作和不积灰的地方，闸板阀设在水平管上，并倾斜$45°$；设在垂直管处时应逆气流$45°$装设。

7.1.3　除尘器的选用原则

铸造车间常用除尘器的结构形式多种多样，它们的特性相差很大。除尘器的使用性能、使用条件、维护管理的方便性及一次投资费用和运行费用等因素是选择除尘器设备的依据。当然，保证排放达到国家规定的大气排放标准是选择除尘器的根本原则。

（1）根据粉尘和气体的性质选择合适的除尘器。带温度的粉尘（落砂及砂处理工部）采用袋式除尘器时，布袋须采用拒水防油覆膜滤料；亲水性差的粉尘和气体不能用湿法除尘器；干粉尘采用一般袋式除尘器。

---

* 与铸造业粉尘有关的环境质量标准和粉尘排放标准：

（1）铸造企业必须遵循的主要环境质量标准《环境空气质量标准》（GB 3095—2012），达到企业所在地区要求。

（2）粉尘排放标准《大气污染物综合排放标准》（GB 16297—1996）、《工业炉窑大气污染物排放标准》（GB 9078—1996）。

（3）与通风除尘设施有关的劳动卫生标准《工业企业设计卫生标准》（GBZ 1—2010）、《工作场所有害因素职业接触限值》（GBZ 2—2007）。

（2）根据粉尘粒度的大小和分散度选择合适的除尘器。例如，粉尘粒度细且分散度高不宜选用惯性除尘器，而应采用袋式除尘器。

（3）根据铸造工艺设备要求选用除尘器。例如，砂冷却设备要求除尘风量大于鼓风量，但这样容易将部分细砂粒及旧砂中的辅料抽走，因此要求在袋式除尘器前设置旋风分离器，收集被抽走的细砂粒及粉尘，并部分回用。

（4）铸造厂所在地区对环保要求高，或入口粉尘浓度高，应选用除尘效率高的除尘器，并可与旋风除尘器串联使用。

（5）厂房内一般不采用湿式除尘器，因为湿式除尘器必须有配套水池，污水和污泥容易对车间造成二次污染。

（6）寒冷地区应考虑除尘器及管道系统的保温加热措施，防止结露堵塞。

（7）对高温含尘气流必须先采用能降温的除尘器（如湿式除尘器），然后才使用袋式除尘器。

7.1.4 常用除尘器

除尘器的结构形式很多，大致可分为干式除尘器和湿式除尘器两大类。

干法除尘以沉降式（如重力沉降室）、离心式（如旋风除尘器）、过滤式（如袋式除尘器、颗粒层除尘器）和静电式原理为代表。采用这类除尘方式的设备是目前环保治理的主要设备，广泛应用于各类粉尘的治理。沉降式、离心式原理的除尘器适用于捕集粗尘，除尘效果较差；过滤式、静电式原理的除尘器适用于捕集细粉尘，除尘效率较高。根据铸造车间粉尘分散度特点，采用两种以上除尘原理设计的除尘设备能够得到比较理想的除尘效果。

湿法除尘以洗涤式和喷淋式原理为代表，或者两种工作原理兼而有之。此类除尘器有自激式湿法除尘器、返水湿法除尘器、泡沫除尘器、冲击式除尘器、卧式旋风水膜除尘器和文氏管除尘器等。低阻力湿法除尘器除尘效率低；高阻力湿法除尘器虽然除尘效率高些，但压力损失大，动能消耗也高，噪声治理也困难。同时，湿法除尘器还存在废水和污泥处理的问题，故大多不用于单纯除尘领域，主要用于处理废气中的气态有害物质，如三乙胺制芯法中的废气处理等。

为了提高除尘效率，国外把湿法除尘与其他除尘方式进行优化组合，如文丘里静电除尘器、旋风洗涤器等。

1. 旋风除尘器

图 7.1 所示为 XLP/B 型旋风除尘器（锡南铸机生产此类除尘器，此外该厂还生产 XD型多管旋风除尘器）的工作原理和实物图。它的工作原理与旋风分离器类似，但其筒体直径小，锥体部分较长，以提高对微小颗粒的分离能力。这种除尘器在结构上的另一特点是在筒体外侧连接一个螺旋状的旁通室，当含尘气体以 $12\sim20\mathrm{m/s}$ 的速度沿切向进入筒体后，在旋转过程中产生离心力，较大的尘粒被甩进旁通室并沿其螺旋通道下降，最后被分离，这样可以避免粉尘被筒体中心上升的气流带走。在旁通室中未被分离的粉尘，随气流进入筒体内又与筒内气流混合，继续进行分离。

单独使用旋风除尘器时，达不到国家规定的大气污染物排放的要求。

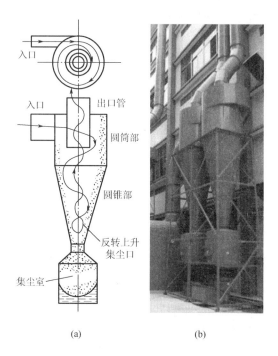

(a)　　　　　　　　(b)

图 7.1　XLP/B 型旋风除尘器

（a）工作原理；（b）实物

旋风除尘的主要优点是结构简单，造价低廉和维护方便，故在铸造车间应用广泛。

旋风除尘器的缺点是对 $10\mu m$ 以下的细尘粒除尘效率低，一般用于粗颗粒粉尘的净化，或与其他类型除尘器串联使用，作为第一级除尘。它还被广泛应用于电弧炉和冲天炉冷却气体温度和除尘。粉尘粒度越大，除尘效率越高。

2. 袋式除尘器

袋式除尘器又称袋滤器，是用滤袋将气流中的粉尘阻留下来，从而达到净化空气的目的。袋式除尘器对细颗粒粉尘的除尘效果显著，是目前效率高、使用广泛的干式除尘器；其缺点是阻力损失较大，对气流的湿度和温度有一定的要求。

图 7.2 所示为压缩空气脉冲反吹袋式除尘器，在除尘器的壳体内装有一定数量的吊架，吊架外面套着上端敞口的过滤袋。当含尘气流由下部进入壳体并通过滤袋上升时，粉尘被阻留在滤袋的外表面，气体则通过滤袋上的网眼进入袋中并从顶部排出，使空气获得净化。在每个滤袋敞口的上方设有压缩空气喷嘴，由电磁阀控制，定期轮流向滤袋内吹压缩空气，将附着于滤袋外表面的粉尘吹落到下部的集尘斗中。

袋式除尘器的入口含尘浓度一般不高于 $15g/m^3$，含尘浓度大于 $15g/m^3$ 时应在除尘器前安装一级除尘器（如旋风除尘器），预先去除粗粉粒。同时，含尘气流入口温度若超过 $120℃$，应采用耐高温滤料。若入口温度太高，则还应对高温烟气采取冷却措施，使之降低到滤料允许的工作温度范围内，烟气含湿量大则应采用拒水防油的滤料。常用的滤袋材料有针刺毡、208 涤纶绒布、腈纶和玻璃丝布等。

除尘器过滤面积可按式(7-1)计算：

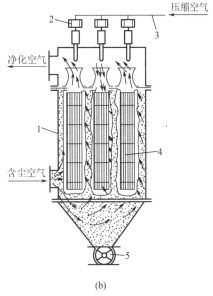

（a）　　　　　　　　　　　　　　　　　　　（b）

图7.2　脉冲反吹袋式除尘器

（a）实物；（b）工作原理

1—除尘器壳体；2—气阀；3—压缩空气通道；4—过滤袋；5—锁气器

$$A=\frac{L}{60v} \tag{7-1}$$

式中，A 为过滤面积（m^2）；L 为通过袋式除尘器的处理风量（m^3/h）；v 为过滤风速（m/min）。

其中过滤风速是一重要参数，常用的滤速为 $1.5\sim3.0m/min$，细尘粒用较低滤速度，粗尘粒用较高滤速。滤速过高则阻力损失大，除尘效率降低，滤袋的磨损加剧。

袋式除尘器能捕捉比滤料网眼还小的粉尘，因为它的工作原理是不仅依靠网眼的过滤作用，而且还通过拦截、碰撞、扩散、重力沉降和静电吸引等作用，将尘粒推移并阻留在滤料表面上。当有足够的粉尘被阻留在滤料上时，便形成起滤网作用的积尘层，就能过滤更细小的颗粒。当然经过一段时间后，滤袋表面的积尘层太厚使其阻力增大，因此应定期地对滤袋进行清灰工作。

清灰的形式很多，最简单的是用振动的方式使之抖动。目前最先进的方式是采用压差仪与 PLC 工业程控机，可以根据阻力的变化自动瞬间喷吹高压清洁空气以达到清灰目的。此类除尘方式特别适用于分离细小粉尘颗粒，可以达到很高的除尘效率，在铸造行业逐步推广使用。

常用的袋式除尘器有 LHMF 型系列扁袋除尘器、LZ 型系列振动袋式除尘器、LL 型系列筒式除尘器、LPL/LBL 型系列菱形袋式除尘器（西南铸机生产）、LNDM 型系列低压脉冲原袋除尘器（无锡西漳环保设备有限公司生产）、LQGM 型系列气箱高压脉冲袋式除尘器（江阴第三铸造机械有限公司生产）等。

3. 颗粒层除尘器

颗粒层除尘器也是一种高效除尘器，而且对气体温度、湿度、粉尘浓度和风量的敏感性较小，这些因素对除尘效率影响不大。用硅砂作滤料时，可耐温350～400℃，气体中偶有火星也不会引起燃烧。它的缺点是阻力损失较大。

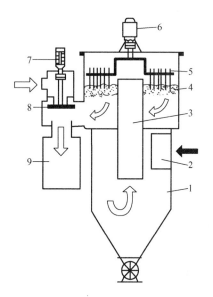

图 7.3　旋风颗粒层除尘器的工作原理
1—旋风分离器；2—含尘气流入口；
3—排出管；4—颗粒层；5—梳耙；6—电动机；
7—液压缸；8—阀门；9—净气排出管

颗粒层除尘器的工作原理如图7.3所示，与袋式除尘器基本相同，只是粉尘被阻留在颗粒层中。含尘气流由切向进入旋风分离器，较粗的尘粒下落，细尘粒由气流带动经排出管进入过滤室，由上向下通过颗粒层，细尘粒就粘附在硅砂表面或滞留在颗粒层的空隙中，净化后的气体则经过净气排出管排出。清灰时，液压缸使阀门下降关闭净气排出管，同时将反吹气流进气口打开。反吹气流反向通过颗粒层，梳耙也在电动机的驱动下进行搅拌，层中粉尘被反吹气流携带经过排出管进入旋风分离器，由于气流速度降低，可使大部分尘粒沉降。

4. 静电除尘器

如图7.4所示，静电除尘器是由金属构件组成的一个电晕板系统，分放电极（阴极）和沉淀极（阳极）两部分。在阴极上加上负电压并达到30kV以上时，电晕线开始起晕。此时，在每根电晕线的中心（约5mm），即电晕区放出大量正电荷和负电荷。负电荷与含粉尘气流中的粉尘相碰撞后，使粉尘也获得负电荷。在电场力的作用下，带负电荷的粉尘向沉淀极（阳极）移动，然后放出负电荷。失去电荷的粉尘在振打力的作用下落入集灰斗中。

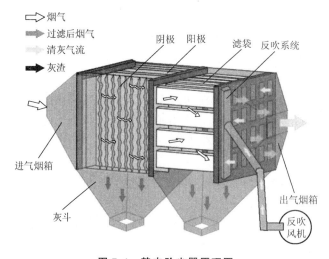

图 7.4　静电除尘器原理图

静电除尘器可捕集细微粉尘,除尘效率高,并可用于高温高压场合的除尘。但是静电除尘器的日常维护保养、操作要求高,设备较庞大,还需要有整流变压器和高压硅整流柜,一次投资费用高。

5. 冲激式除尘器

冲激式除尘器是一种湿式除尘器。它利用气流本身的动能激起水花,将水分散成细小的水滴用以捕捉粉尘。图 7.5 所示为冲激式除尘器工作原理,含尘气流由入口进入器内并向下冲激水面,部分大颗粒即沉降于水中,其余粉尘随气流通过 S 形通道向上运动。高速的气流激起大量水花和泡沫,使尘粒频繁地与水滴碰撞而被捕捉并沉降。含有一定水分的气流继续上升,经过挡水板时气流突然转向,水滴被分离下落。

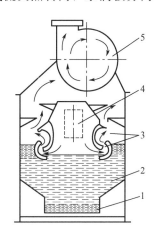

图 7.5 冲激式除尘器工作原理
1—排泥用刮板输送机;2—水池;3—S 形通道;4—含尘气流入口;5—风机

这种除尘器的除尘效率高,但对污泥的运输处理比较麻烦。

7.1.5 铸造车间典型工部的除尘系统

1. 黏土砂砂处理工部

黏土砂砂处理是铸造生产中最大的污染源之一。目前普遍采用相对集中的方式,把该工部的生产设备上所有的抽风点连成一个或多个系统进行除尘。一般做法是按生产设备的工艺路线、操作时间、粉尘的干湿度性质,结合除尘设备的安装现场和投资规模等因素综合考虑。

当铸造车间采用阶段作业方式进行生产时,采用分段除尘比较有利。它们在操作时既灵活,管理又方便,也可节约用电,减少生产成本。当然,如果系统太少,势必造成吸口多、管路长,结构也复杂,工作中相互牵连制约,各个吸口的吸尘效果也不平衡;如果系统分得太多,除尘设备分散,占用面积大,除尘器规格多,备件种类多,管理也麻烦。因此,把砂处理工部的除尘分为三个系统比较合适。

第一系统:从振动落砂(或滚筒落砂)开始到滚筒筛的入口。这一系统的特点是吸口多、管路长、砂温高、含尘气流的相对湿度较大。落砂罩一般采用半封闭式大吸罩,设计的抽风量要大。如果对环境要求很高,可以对全部带式输送机进行全封闭。

第二系统:从滚筒筛到中间储砂斗。这一系统旧砂要进行过筛,有的还要对旧砂进行增湿冷却降温，增湿冷却过程还要鼓入冷风。因此，旧砂水汽蒸发量大，随着含尘气体的浓度增加，其相对湿度也增加。同时，为了使砂冷却设备内保持负压，防止粉尘外溢，系统的设计抽风量更大。在这一阶段除尘器和管道的保温防结露尤为重要。

第三系统：从中间储砂斗到型砂混制。这一系统中旧砂经过增温冷却后温度和湿度比较适当，但由于混砂时称量加入旧砂和新砂，以及煤粉和黏土，吸口多，管道走向也复杂。

在选择三个系统的除尘器时，应充分考虑到各个系统中旧砂产生的含尘气体的湿度和温度，以及管道的长短和走向复杂程度，设计时选用的除尘风量也不同。

使用除尘器的目的是控制工艺生产过程中含尘空气不外逸。要达到此目的，除了要选用足够的抽风量外，除尘点吸口位置的确定也极为重要。下面以旧砂斗式提升机头部吸口位置的确定来说明，如图 7.6 所示。

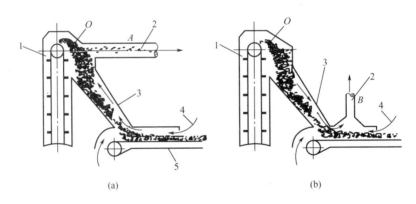

图 7.6　吸口位置对吸尘效果的影响

（a）吸口设在 A 点位置；（b）吸口设在 B 点位置

1—旧砂斗提机；2—抽风除尘风管；3—溜管；4—诱导气流；5—胶带输送机

若吸点设在 A 点，当提升机料斗通过 O 点时，料斗内旧砂开始从斗中被抛出。此时，旧砂一方面受垂直向下的重力作用，另一方面受沿抛物线的切向力作用，同时还受横向气流的抽力作用。砂粒越靠近吸口，受横向的抽力作用就越大，最终的合力使砂粒向吸口 A 运动，并在罩内加速。此时，提升机头部罩内粉尘被吸走的同时也带走了少量砂子。当物料沿溜管排卸到胶带输送机的瞬间，再次出现扬尘。在 A 吸管的抽力作用下，从下部罩缝吸入的诱导气流载着粉尘逆溜管中淌下的物料向上运行，又因下部扬尘点距吸口 A 较远，使诱导气流向上运行的速度减慢，从而减少了罩缝外进入的空气量，造成部分粉尘从罩缝逸出。

若吸点设在 B 点，由于物料沿溜管淌下时无横向抽力的影响，不仅避免了砂子流失，还由于吸口位置设在下面，对从罩口进入的诱导气流阻力减少，即进入罩口的空气量增加，阻止了粉尘外逸。同时，斗提升机外壳密封性好，上部的诱导气流载着粉尘沿溜管向下运动时与物料流动方向一致，受到的阻力最小，容易进入 B 点吸口，所以吸口设在 B 点的吸尘效果比设在 A 点好。

2. 熔炼工部

1）冲天炉除尘系统

冲天炉是铸造厂最大的粉尘污染源。由于焦炭的燃烧，生铁等金属炉料的预热、熔化及过热、炉气的运动，以及炉料的加入和下降等作用，还有因热作用、机械作用和化学作用，使冲天炉排放的烟气中含有一定量的有害气体和固体物质。有害气体主要为 SO_2、CO 和氮氧化合物等，而固体物质主要是烟尘（焦屑、SiO_2 细粉、铁屑和氧化物等）。另外，冲天炉熔炼过程产生有害气体和粉尘的浓度高、温度高（如 10t/h 的冲天炉起始浓度为 $50\sim60g/m^3$，正常熔炼时为 $500\sim600℃$，而打炉时可达 $900℃$）。

冲天炉消烟除尘系统主要由除尘器、冷却器、风机、电动机、电控柜和管道系统等组成。根据使用厂家所处地理位置和周边环境的差异，高温烟气冷却方式有水冷式和风冷式两种。水冷式冲天炉消烟除尘系统如图 7.7 所示。

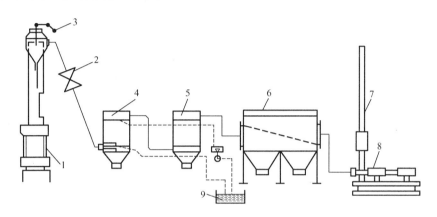

图 7.7　水冷式冲天炉消烟除尘系统
1—冲天炉；2—膨胀节；3—电动活络盖板；4—旋风水冷却器；5—水冷却器；6—除尘器；
7—出风管；8—风机组；9—循环水系统

冲天炉出来的高温含尘气体首先进入旋风水冷却器 4（具有冷却和粗颗粒除尘双重功能），使高温含尘气体得到第一次降温，温度由 $600℃$ 左右下降到一级设定温度，同时一部分粗颗粒在气体扩张、流速减慢和旋风的作用下沉降下来；接着，含尘气体进入多管水冷却器 5 而得到进一步冷却，其温度下降到二级设定温度，保证进入气箱脉冲袋式除尘器 6 的烟气温度在滤袋材料耐温性能的限值内。气箱脉冲袋式除尘器 6 利用吹、吸、停"三状态"的振荡气流对滤袋进行高频低幅振荡，加强对挂尘的振力，强化清灰效果。经过净化后的气体经风机组 8 抽至出风管 7 排出。循环水系统 9 用于两台水冷却除尘器的循环用水。

2）感应电炉除尘设备

由于感应电炉利用电能熔化炉料，只在加料及初始熔化的很短时间内产生烟尘（生铁表面氧化物、废钢油烟和回炉料细粉尘），正常熔化时对环境基本上不产生污染，因此目前感应电炉很少配有除尘设备，但部分进口的感应电炉和对环境保护要求严格的场合配备除尘系统，如美国 Induction 公司的中频炉配备烟尘收集环，美国 ABP 公司的中频炉带顶吸式集尘罩等。

3）电弧炉烟尘治理设备

电弧炉在接通电流后，通过石墨电极与金属炉料之间产生电弧的高温而将炉料熔化。在整个熔化过程中都会产生大量的红黄色烟尘，这些烟尘的主要成分为 FeO_2、Fe_2O_3、MnO、SO_2 和 SiO_2 等，对人和环境都会造成很大危害。

由于铁的氧化物与水不亲和，湿法除尘不能将它去除，因此一般采用干法袋式除尘器进行除尘处理。电弧炉除尘系统的关键是排烟方式的确定。

（1）炉内排烟。该方式是直接在炉盖上开孔安装抽风管道，炉内烟气被直接抽走。这种排烟方式排烟量小，设置的除尘器不大，动力消耗小。但是处于高温金属液上面的烟尘温度很高，除尘系统必须增设冷却器对烟尘进行冷却。当加料和出炉时，抽尘管道随着炉盖旋开，因而此时烟气仍要外逸。此外，对于炼钢的电弧炉还会影响还原期炉内的还原气氛；炉内热量的损失比较大；直接装在炉盖上的抽尘管容易被烧坏。

（2）炉外排烟。该排烟方式中比较常用的有炉盖顶吸式抽烟和钳形侧吸式抽烟，分别如图7.8和图7.9所示。

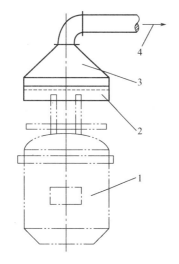

图 7.8　炉盖顶吸式抽烟

1—电弧炉；2—伸降副罩；

3—回转顶吸罩；4—烟尘（通往除尘器）

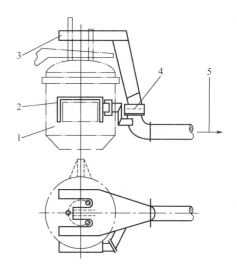

图 7.9　钳形侧吸式抽烟

1—电弧炉；2—炉门罩；3—钳形侧吸罩；

4—升降管；5—烟气（通往除尘器）

炉盖顶吸式抽烟的抽烟罩安装在电弧炉炉盖上方，收集烟尘效果好，吸入烟尘的温度较低，不需要冷却。但在更换电极和炉盖及加料时需将抽烟罩移开，使用不方便。在移出烟罩时，烟气会外逸。钳形侧吸式抽烟的钳形排烟罩装在炉盖侧，单面敞口。此种排烟罩烟气温度低，效果较好，同时炉子倾转和炉盖回转、电极升降均不受影响。

（3）屋顶排烟。屋顶排烟主要是在屋顶上设置大的排烟罩，捕集电弧炉上升的烟气。为了避免车间内过大的横向气流对上升烟气的干扰，在不影响操作的情况下，往往还采取在排烟罩上增加挡风板或挡风帘等措施。屋顶排烟的集尘罩距炉顶较远，因此不会影响整个冶金工艺和操作过程，自始至终都能将熔化过程产生的烟气吸走，烟气的温度也低。

但是，正是由于屋顶吸尘罩在行车上方，距电炉较远，为了使炉子产生的烟气尽可能全部进入吸尘罩，使得吸尘罩做得很大，抽烟量也很大。因此，屋顶排烟的除尘系统庞大，耗能高。通常为了降低系统规模，同时又减少烟尘对车间内部和环境的影响，有时将屋顶排烟与其他排烟方法结合使用。

7.2 噪声防治设备

铸造车间是噪声很高的工作场所，大多数铸造机械工作时都会产生一定程度的噪声。噪声污染是对人们的工作和身体影响很大的一种公害，许多国家规定，工人 8h 连续工作下的环境噪声不得超过 80～90dB。对于一些产生噪声较大的设备（如熔化工部的风机、落砂机、射砂机的排气口、抛丸室等）都应采取措施控制其对环境的影响。

噪声控制的方法主要有两种：消声器降噪和隔离降噪。

1. 用消声器降低排气噪声

气缸、射砂机构、鼓风机的排气噪声可以在排气管道上装消声器，使噪声降低。消声器是既能允许气流通过又能阻止声音传播的一种消声装置。图 7.10 所示为一种适应性较广的多孔陶瓷消声器。它通常接在噪声排出口，使气体通过陶瓷的小孔排出。它的降噪效果好（大于 30dB），不易堵塞，而且体积小，结构简单。

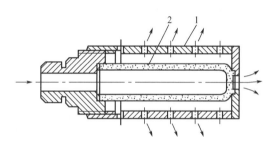

图 7.10 多孔陶瓷消声器
1—金属外套；2—陶瓷管

2. 隔离降噪

声音的传播有两种方式，一种是通过空气直接传播；另一种是通过结构传播，即由于本身的振动及对空气的扰动而传播。为了降低或减缓声音的传播，常用隔声的方法。

在铸造车间有一些噪声源，混杂着空气声和结构声。单纯的消声器无能为力，常采用隔声罩、隔声室等方法隔离噪声源，它应用于空压机、鼓风机、落砂机等的降噪处理方面，均取得了满意的效果。

因振动设备的振动而产生的噪声，一般从减振和隔振方面入手，寻求降噪途径。其效果与振源的性质、振动物体的结构、材料性质和尺寸及边界条件等有密切而复杂的关系。隔振降噪研究是现代振动研究的一个重要的研究领域。

7.3 废气净化设备

相对于灰尘（或微粒）和噪声对环境的污染，铸造车间排放的各类废气对周围环境的影响范围更广。随着环境保护措施的日趋严格，工业废气排放前都必须经过净化处理。常见的废气净化方法见表 7-1。

表 7 - 1　常见的废气净化方法

净化方法		基本原理	主要设备	特　　点	应用举例
液体吸收法		将废气通过吸收液，由物理吸附或化学吸附作用来净化废气	填料塔 或 喷淋塔	能够处理的气体量大，缺点是填料塔容易堵塞	用水吸收冲天炉废气中的 SO_2、HF 等废气
固体吸收法		废气与多孔性固体吸附剂接触时，能被固体表面吸引并凝聚在表面	冷凝器	主要用于浓度低、毒性大的有害气体	活性炭吸附治理氯乙烯废气
冷凝法		在低温下使有机物凝聚	固定床	用于高浓度易凝有害气体，净化效率低，多与其他方法联用	如用冷凝吸附法来回收氯甲烷
燃烧法	直接燃烧法	高浓度的易燃有机废气直接燃烧	焚烧炉	要求废气具有较高的浓度和热值，净化效率低	火炬气的直接燃烧
	热力燃烧法	加热使有机废气燃烧	焚烧炉	消耗大量的燃料和能源，燃烧温度很高	应用较少
	催化燃烧法	使可燃性气体在催化剂表面吸附、活化后燃烧	催化焚烧炉	起燃温度低，耗能少，缺点是催化剂容易中毒	烘漆尾气催化燃烧处理

1. 熔化过程产生的废气净化

熔化过程中产生的废气在安装除尘系统时一并考虑解决，见 7.1.5 节熔炼工部部分。这里再以冲天炉为例说明液体吸收法净化废气。

图 7.11 是常用的冲天炉喷淋式烟气净化装置示意图。

冲天炉烟气在喷淋式除尘装置 2 中经喷嘴 1 喷雾净化后排入大气。水经净化处理后循环使用。污水首先经木屑斗 3 滤去粗渣，在沉淀池 4 中进行初步沉淀，然后进入投药池 7 和反应池 8。在投药池内投放电石渣 $Ca(OH)_2$，以中和水中由于吸收炉气中的二氧化硫和氢氟酸。其反应如下：

$$H_2SO_3 + Ca(OH)_2 \longrightarrow CaSO_3 \downarrow + 2H_2O$$
$$2HF + Ca(OH)_2 \longrightarrow CaF_2 \downarrow + 2H_2O$$

反应产物经斜管沉淀池 9 沉淀下来，呈弱碱性的清水流入清水池 12，再由水泵 13 送到喷嘴。磁化器 14 使流过的水磁化，以强化水的净化作用。沉淀下来的泥浆由气压排泥罐 5 排到废砂堆。

该装置的烟气净化部分结构简单、维护方便、动力消耗少。如果喷嘴雾化效果好，除尘率可达 97%；SO_2、HF 气体也被部分吸收。其缺点是耗水量较大，水的净化系统较复杂。

在熔炼工部，为了保证铸件材质的要求并减少废气的产生，应保持炉料清洁，尽量不使用含有油脂或油漆的废钢铁和镀锌废钢。

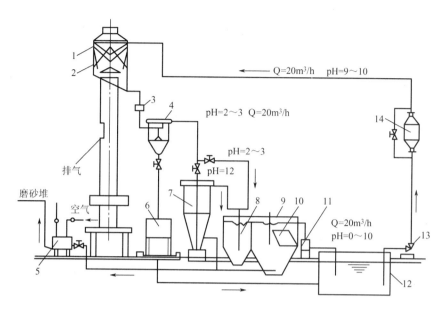

图 7.11　冲天炉喷淋式烟气净化装置示意图

1—喷嘴；2—喷淋式除尘器；3—木屑斗；4—初沉淀池；5—气压排泥罐；6—淡脱水箱；7—投药池；
8—反应池；9—斜管沉淀池；10—斜管；11—三角屏；12—清水池；13—水泵；14—磁化器

2. 消失模铸造废气净化装置

消失模铸造（EPC）产生的废气除 H_2、CO、CH_4、CO_2 等小分子气体外，主要是苯、甲苯、苯乙烯等有机废气。试验研究表明，催化燃烧法对处理消失模铸造废气比较合适。由华中科技大学研制开发的 EPC 废气净化装置的原理图如图 7.12 所示。它采用了催化燃烧处理方案，具有净化率高、操作控制简便等优点。

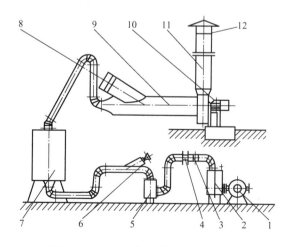

图 7.12　EPC 废气净化装置的原理图

1—水环真空泵；2—气水分离器；3—应急阀；4—废气截止阀；5—储气罐；
6—新鲜空气阀；7—催化燃烧炉；8—冷却空气阀；9—进风管；10—风机；
11—出风管；12—风帽

7.4 污水处理设备

在湿法清砂、湿式除尘、旧砂湿法再生等工艺过程中，会产生大量的污水，这些污水如直接排放，会对周围环境和生物产生严重的影响，必须对其进行处理以实现无害排放 *。而对于像我国北方这样的缺水地区，还须考虑生产用水的循环使用。

铸造污水的特点：浊度高，并且不同的污水其酸碱度差别大，如水玻璃旧砂湿法再生污水的 pH 可大于 11～12，而冲天炉喷淋式烟气净化污水的 pH 为 2～3。污水处理的一般方法是，根据水质性质的不同，通过加入化学药剂（或酸碱中和的方法）先将污水的 pH 调至 7 左右，然后加入混凝药剂等，将污水中的悬浮物凝絮、沉淀、过滤，所得清水被回用，污泥被浓缩成浓泥浆或泥饼。

图 7.13 是典型的污水处理及回用设备的工艺流程图。湿法再生产生的污水经加酸碱中和（pH 调至 7 左右）后排入污水池内，由污水泵经一个小型金属反应罐体抽入净水器中（在抽水过程中加药剂 1 和药剂 2），在净水器中经沉淀、过滤等工序，使悬浮微粒迅速凝成密实的絮团，形成的絮团快速与水分离。清水经过泡沫塑料珠过滤层过滤后流出，出水浊度达到国家规定的自来水浊度标准 3mg/L 以下，排入清水池中回用。浓缩泥浆经污泥储罐沉淀后，澄清水返回污水池，泥浆则定期从排泥口中排出。为了避免净水器中的过滤层被悬浮物阻塞，应定期用清水反冲清洗过滤层。

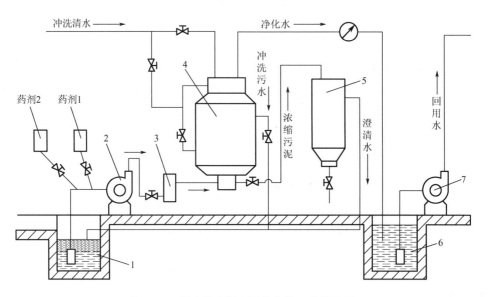

图 7.13 污水处理及回用设备的工艺流程图
1—污水池；2—污水泵；3—反应罐；4—净水器；5—污泥储罐；6—清水池；7—清水泵

该污水处理设备将沉淀、过滤、澄清及污泥浓缩等工序集中在一起，工艺流程短、净化效率高、占地面积小、操作简便，能较好地满足铸造污水处理的要求。

---

* 按《城镇污水处理厂污染物排放标准》（GB 18918—2002）执行。

思考题及习题

一、填空题

1. 铸造车间除尘系统的作用是_____。

2. 随着环保意识的加强，除尘器广泛应用在铸造除尘系统中，其中常用的除尘器有_____、_____、_____、_____、_____等。

3. 电弧炉除尘系统的关键是排烟方式的确定，主要有_____、_____、_____和_____等。

4. 噪声控制的方法主要有两种：_____和_____。

5. 随着环境保护措施的日趋严格，工业废气排放前都必须经过净化处理。常见的废气净化方法有_____、_____、_____、_____等。

二、简答题

1. 简述除尘系统的组成。

2. 如何选用除尘器？

3. 简述常用除尘器的特点。

附录 1
铸造设备型号编制方法

标准 JB/T 3000—2006 规定了通用、专用铸造设备型号的表示方法和统一名称及类、组、型（系列）的划分。按该标准，铸造设备型号由正楷大写汉语拼音字母和阿拉伯数字组成。

1. 通用铸造设备型号

1）型号的表示方法示意图

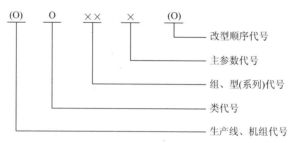

注："O"表示字母；"×"表示数字。

如果铸造设备企业为了识别其他企业生产的同类产品，而需在型号上表示时，允许在类代号处加特定代号。

2）铸造设备的分类及其代号的表示方法

铸造设备分类为 10 类，用字母表示，分类及字母代号见附表 1。

附表 1　铸造设备分类及字母代号

类别	砂处理	造型制芯	落砂	清理	金属型	熔摸	熔炼浇注	运输定量	检测控制	其他
字母代号	S	Z	L	Q	J	M	R	Y	C	T

3）铸造设备的组、型（系列）代号及主参数

（1）每类铸造设备分为若干组、型（系列），分别用数字组成，位于分类字母代号后。

（2）型号中的主参数用折算值表示，位于组、型（系列）代号后，当主参数折算值小于 1 时，则应在折算值前加数字"0"组成主参数代号；当折算值大于 1 时，则取整数。

4）铸造生产线型号的表示方法

在生产线上主机（通用或专用）型号前加字母 X。

5）铸造机组型号的表示方法

在机组上主机（通用或专用）型号前加字母 Z。

6）铸造设备改型顺序号

对有些铸造设备的工作参数、传动方式和结构等方面的改进，应在原设备型号后按 A、B、C 等字母的顺序加改型顺序号（但"I"及"O"两个字母不应选用）。

7）型号示例

（1）盘径为 1800mm 的辗轮混砂机，其型号为 S1118。经第一次改型的 1800mm 辗轮混砂机，其型号为 S1118A。

（2）砂箱内尺寸为 1200mm×1000mm 的多触头高压造型机，其型号为 Z3112。

（3）以 Z3112 型多触头高压造型机为主机组成的生产线，其型号为 XZ3112。

2. 专用铸造设备型号

专用铸造设备的型号的表示方法，一般应冠以字母 ZJ 并应按通用铸造设备表示方法给出类代号，组、型（系列）代号和主参数代号；允许按照企业标准的具体规定给出。

3. 铸造设备统一名称及类、组、型（系列）的划分

铸造设备统一名称及类、组、型（系列）的划分详见 JB/T 3000—2006 的表 2 至表 11（表内组、型的空号作为新产品的备用号）。

4. 铸造设备名称的命名

铸造设备名称的命名应按以下规定顺序进行，当设备中没有某种特征时，其设备名称也无此内容。

移动特征＋结构调整＋功能特征＋时限特征＋主体机名
（固定式）　（双臂）　（树脂砂）　　　　　（混砂机）

附录2
典型造型生产线布置实例

典型造型生产线布置实例如附图1～附图5（插页）所示。

参 考 文 献

[1] 铸造车间和工厂设计手册编委会. 铸造车间和工厂设计手册 [M]. 北京：机械工业出版社，1995.

[2] 章琛. 铸造车间设计原理 [M]. 北京：机械工业出版社，1991.

[3] 万仁芳. 砂型铸造设备 [M]. 北京：机械工业出版社，2008.

[4] 吴浚郊. 铸造设备 [M]. 北京：中国水利水电出版社，2008.

[5] 王录才，宋延沛. 铸造设备及其自动化 [M]. 北京：机械工业出版社，2013.

[6] 樊自田. 铸造设备及自动化 [M]. 北京：化学工业出版社，2009.

[7] 陈士梁. 铸造机械化 [M]. 北京：机械工业出版社，1999.

[8] 任天庆. 铸造自动化（修订版）[M]. 北京：机械工业出版社，1989.

[9] 刘立君. 材料成型设备控制基础 [M]. 北京：北京大学出版社，2008.

[10] 石德全. 造型材料 [M]. 北京：北京大学出版社，2009.

[11] 周锦照. 铸造机械设备 [M]. 武汉：华中理工大学出版社，1989.

[12] 曹善堂，等. 铸造设备选用手册 [M]. 2版. 北京：机械工业出版社，2001.

[13] 董超. 铸造设备设计 [M]. 北京：机械工业出版社，1984.

[14] 王延久. 铸造设备图册 [M]. 北京：机械工业出版社，1985.

[15] 石德全，高桂丽. 热加工测控技术 [M]. 北京：北京大学出版社，2010.

[16] 范金辉，华勤. 铸造工程基础 [M]. 北京：北京大学出版社，2009.

[17] 魏华胜. 铸造工程基础 [M]. 北京：机械工业出版社，2002.

[18] 李荣德. 铸造工艺学 [M]. 北京：机械工业出版社，2013.

[19] 王文清，李魁盛. 铸造工艺学 [M]. 北京：机械工业出版社，2000.

[20] 柳百成，黄天佑. 中国材料工程大典：第18卷材料铸造成型工程（上）[M]. 北京：化学工业出版社，2006.

[21] 毛康生，胡永吉，江朝士. 连续式混砂机的应用及发展 [J]. 铸造设备与工艺，2002（1）：40-42.

[22] 吴剑，李专政，陈培丽. 国内外铸造用混砂机综述 [J]. 中国铸造装备与技术，2013（6）：1-6.

[23] 何道明. 爱立许（EIRICH）混砂机结构及常见故障分析 [J]. 机械工业标准化与质量，2013（5）：49-52.

[24] 阎荫槐. 铸件落砂清理技术设备的发展与展望 [J]. 铸造设备与工艺，2000（2）：1-7.

[25] 崔永瑞. 几种国外连续抛丸清理机 [J]. 中国铸造装备与技术，2000（1）：17-19.

[26] 何磊. 2012年铸造装备现状及发展 [J]. 机械工业标准化与质量，2012（5）：15-16.

[27] 刘小龙. 我国砂处理装备基本情况 [J]. 中国铸造装备与技术，2010（3）：9-13.

[28] 胡长青，季利群. 两条静压造型生产线的后评价 [J]. 铸造设备与工艺，2011（6）：3-5.

[29] Steffen，Geisweid. 潮模砂造型技术的新发展 [J]. 铸造设备与技术，2013（1）：26-27.

[30] 王显龙，何立波，贾明生，等. 静电除尘器的新应用及其发展方向 [J]. 工业安全与环保，2003，29（11）：3-6.

[31] 吴兴穆，钱光华. SMC型砂性能控制仪 [J]. 铸造工程（造型材料），1998（3）：44-47.

北京大学出版社材料类相关教材书目

序号	书 名	标准书号	主 编	定价	出版日期
1	金属学与热处理	978-7-5038-4451-5	朱兴元，刘 忆	24	2007.7
2	材料成型设备控制基础	978-7-301-13169-5	刘立君	34	2008.1
3	锻造工艺过程及模具设计	978-7-5038-4453-5	胡亚民，华 林	30	2012.3
4	材料成形CAD/CAE/CAM基础	978-7-301-14106-9	余世浩，朱春东	35	2008.8
5	材料成型控制工程基础	978-7-301-14456-5	刘立君	35	2009.2
6	铸造工程基础	978-7-301-15543-1	范金辉，华 勤	40	2009.8
7	铸造金属凝固原理	978-7-301-23469-3	陈宗民，于文强	43	2016.4
8	材料科学基础（第2版）	978-7-301-24221-6	张晓燕	44	2014.6
9	无机非金属材料科学基础	978-7-301-22674-2	罗绍华	53	2013.7
10	模具设计与制造	978-7-301-15741-1	田光辉，林红旗	42	2013.7
11	造型材料	978-7-301-15650-6	石德全	28	2012.5
12	材料物理与性能学	978-7-301-16321-4	耿桂宏	39	2012.5
13	金属材料成形工艺及控制	978-7-301-16125-8	孙玉福，张春香	40	2013.2
14	冲压工艺与模具设计(第2版)	978-7-301-16872-1	牟 林，胡建华	34	2013.7
15	材料腐蚀及控制工程	978-7-301-16600-0	刘敬福	32	2010.7
16	摩擦材料及其制品生产技术	978-7-301-17463-0	申荣华，何 林	45	2010.7
17	纳米材料基础与应用	978-7-301-17580-4	林志东	35	2013.9
18	热加工测控技术	978-7-301-17638-2	石德全，高桂丽	40	2014.8
19	智能材料与结构系统	978-7-301-17661-0	张光磊，杜彦良	28	2010.8
20	材料力学性能（第2版）	978-7-301-25634-3	时海芳，任 鑫	40	2016.1
21	材料性能学(第2版)	978-7-301-28180-2	付 华，张光磊	48	2017.4
22	金属学与热处理	978-7-301-17687-0	崔占全，王昆林等	50	2012.5
23	特种塑性成形理论及技术	978-7-301-18345-8	李 峰	30	2011.1
24	材料科学基础	978-7-301-18350-2	张代东，吴 润	36	2012.8
25	材料科学概论	978-7-301-23682-6	雷源源，张晓燕	36	2013.12
26	DEFORM-3D塑性成形CAE应用教程	978-7-301-18392-2	胡建军，李小平	34	2012.5
27	原子物理与量子力学	978-7-301-18498-1	唐敬友	28	2012.5
28	模具CAD实用教程	978-7-301-18657-2	许树勤	28	2011.4
29	金属材料学	978-7-301-19296-2	伍玉娇	38	2013.6
30	材料科学与工程专业实验教程	978-7-301-19437-9	向 嵩，张晓燕	25	2011.9
31	金属液态成型原理	978-7-301-15600-1	贾志宏	35	2016.3
32	材料成形原理	978-7-301-19430-0	周志明，张 弛	49	2011.9
33	金属组织控制技术与设备	978-7-301-16331-3	邵红红，纪嘉明	38	2011.9
34	材料工艺及设备	978-7-301-19454-6	马泉山	45	2011.9
35	材料分析测试技术	978-7-301-19533-8	齐海群	28	2014.3
36	特种连接方法及工艺	978-7-301-19707-3	李志勇，吴志生	45	2012.1
37	材料腐蚀与防护	978-7-301-20040-7	王保成	38	2014.1
38	金属精密液态成形技术	978-7-301-20130-5	戴斌煜	32	2012.2
39	模具激光强化及修复再造技术	978-7-301-20803-8	刘立君，李继强	40	2012.8
40	高分子材料与工程实验教程	978-7-301-21001-7	刘丽丽	28	2012.8
41	材料化学	978-7-301-21071-0	宿 辉	32	2015.5
42	塑料成型模具设计(第2版)	978-7-301-27673-0	江昌勇，沈洪雷	57	2017.1
43	压铸成形工艺与模具设计	978-7-301-21184-7	江昌勇	43	2015.5
44	工程材料力学性能	978-7-301-21116-8	莫淑华，于久灏等	32	2013.3
45	金属材料学	978-7-301-21292-9	赵莉萍	43	2012.10
46	金属成型理论基础	978-7-301-21372-8	刘瑞玲，王 军	38	2012.10
47	高分子材料分析技术	978-7-301-21340-7	任 鑫，胡文全	42	2012.10
48	金属学与热处理实验教程	978-7-301-21576-0	高聿为，刘 永	35	2013.1
49	无机材料生产设备	978-7-301-22065-8	单连伟	36	2013.2
50	材料表面处理技术与工程实训	978-7-301-22064-1	柏云杉	30	2014.12
51	腐蚀科学与工程实验教程	978-7-301-23030-5	王吉会	32	2013.9
52	现代材料分析测试方法	978-7-301-23499-0	郭立伟，朱 艳等	36	2015.4
53	UG NX 8.0+Moldflow 2012模具设计模流分析	978-7-301-24361-9	程 钢，王忠雷等	45	2014.8
54	Pro/Engineer Wildfire 5.0模具设计	978-7-301-26195-8	孙树峰，孙术彬等	45	2015.9
55	金属塑性成形原理	978-7-301-26849-0	施于庆，祝邦文	32	2016.3
56	造型材料(第2版)	978-7-301-27585-6	石德全	38	2016.10
57	砂型铸造设备及自动化	978-7-301-28230-4	石德全，高桂丽	35	2017.5

如您需要更多教学资源如电子课件、电子样章、习题答案等，请登录北京大学出版社第六事业部官网 www.pup6.cn 搜索下载。

如您需要浏览更多专业教材，请扫下面的二维码，关注北京大学出版社第六事业部官方微信（微信号：pup6book），随时查询专业教材、浏览教材目录、内容简介等信息，并可在线申请纸质样书用于教学。

感谢您使用我们的教材，欢迎您随时与我们联系，我们将及时做好全方位的服务。联系方式：010-62750667，童编辑，13426433315@163.com，pup_6@163.com，lihu80@163.com，欢迎来电来信。客户服务 QQ 号：1292552107，欢迎随时咨询。